洗护发技术

主编　周京红

主审　赖志郎

中国教育出版传媒集团

高等教育出版社·北京

图书在版编目（CIP）数据

洗护发技术 / 周京红主编. -- 北京：高等教育出版社，2021.10（2024.5重印）

ISBN 978-7-04-056784-7

Ⅰ. ①洗… Ⅱ. ①周… Ⅲ. ①头发-护理-中等专业学校-教材 Ⅳ. ①TS974.22

中国版本图书馆CIP数据核字(2021)第168449号

Xihufa Jishu

策划编辑 刘惠军	责任编辑 刘惠军	封面设计 王 洋	版式设计 徐艳妮
插图绘制 黄云燕	责任校对 吕红颖	责任印制 刘思涵	

出版发行	高等教育出版社	网　址	http://www.hep.edu.cn
社　址	北京市西城区德外大街4号		http://www.hep.com.cn
邮政编码	100120	网上订购	http://www.hepmall.com.cn
印　刷	三河市骏杰印刷有限公司		http://www.hepmall.com
开　本	889mm×1194mm 1/16		http://www.hepmall.cn
印　张	7.25		
字　数	130千字	版　次	2021年10月第1版
购书热线	010-58581118	印　次	2024年5月第4次印刷
咨询电话	400-810-0598	定　价	32.00元

本书如有缺页、倒页、脱页等质量问题，请到所购图书销售部门联系调换

物 料 号 56784-A0

内容简介

本书为“十四五”职业教育国家规划教材，美发与形象设计专业教学用书，依据《中等职业学校美发与形象设计专业教学标准》编写而成。

本书分三个项目八个任务，分别介绍了剪、吹发洗发，烫发洗发，染发洗发，剪、吹发保养，烫发保养，染发保养，健康头皮保养和问题头皮保养。本书突出技能重点，强化行业指导，体现工学结合，培养学生不怕吃苦的劳动精神和奉献精神。全书体例活泼，图片清晰，既适应时代的发展又符合中职学生的现实需要。

本书新增9个二维码操作视频，扫描书中相应处的二维码可学习。

本书可作为中等职业学校美容美体艺术、美发与形象设计专业学生用书，也可作为相关行业岗位培训用书。

前言

我们处在一个充满挑战的时代，也是一个充满希望的时代。随着时代进步、经济发展，社会文明程度进一步提升，人们生活水平不断提高，对生活品质要求也越来越高。对于头发的护理，人们希望借助专业的技术，使自己的头发和头皮更加健康。“洗、护发技术”是中等职业学校美发与形象设计专业开设的专业核心课程，洗发、护发是由企业岗位典型职业活动直接转化为职业技能的指导课程，具有较强的技术性和实用性。

本书为“十四五”职业教育国家规划教材，是为贯彻新发展理念，促进教育高质量发展，全面育人而服务。美发与形象设计专业教学用书，依据《中等职业学校美发与形象设计专业教学标准》编写而成。本书编写把社会主义核心价值观融入其中，助力人的全面发展。体现以人为本、劳动育人、人人皆可成才，反映当代社会进步、科技发展、学科发展的前沿和行业企业的新技术、新工艺和新规范，吸收了优秀的行业企业一线的科研技术人才参与编写，很好地体现了校企合作、产教融合、理实一体、岗课赛证融通。

本书按美发企业实际岗位工作流程为讲解主线，设计了洗发、头发保养、头皮保养共三个大项目。包括剪、吹发洗发，烫发洗发，染发洗发，剪、吹发保养，烫发保养，染发保养，健康头皮保养和问题头皮保养共八个任务。着力培养学生不怕吃苦的劳动精神和奉献精神。每个任务中都设计了相关知识点、技能点、知识与技能拓展的内容，合理采用思维导图或表格的形式呈现所学的内容。全书图文并茂，以实际操作图或照片，以及数字化资源的形式展现出来，直观性强，利教便学。在每个项目中都会穿插不同的提示和实际情境再现、案例等内容，转化了理论教学的形式。全书将技能性知识和理论性知识很好地融合在一起，力求反映出洗、护发技术最新的发展状况。在技能训练检测方面，根据技能形成过程理论，结合生活实际，编排每个工作任务的技能训练内容，循序渐进地提升学生的专业技能水平，将专业技能方面的隐性知识提炼出来供学习者参考借鉴，为使教师和学生全面了解洗、护发技术，提供了专业的参考资料。在检测与练习的设计上，对知识检测部分，运用问题的关联性和相关知识的拓展，引导学生自主学习、思维创新，使学生能够举一反三、融会贯通、温故而知新。

本书建议学时数为90，具体安排见下表。

项目	课程内容	学时
项目一	洗发	18
项目二	头发保养	18
项目三	头皮保养	54
合计		90

本书由北京市西城职业学校（原北京市实美职业学校）周京红主编；台湾曼都国际集团上海总部赖志郎主审；北京市西城职业学校张轶卉、刘卫红、戴爱京、北京锦诚兴业商贸有限公司王佳佳、上海波林丝生物科技有限公司蓝震教授参编，台湾曼都国际集团、北京锦诚兴业商贸有限公司、北京市西城职业学校及北京实美国际造型职业技能培训学校（原北京蒙妮坦培训学校）提供相关图片支持；北京市西城职业学校李淑静、宋诗卿等老师担任本书的图片和视频模特。

在本书的编写过程中，得到了原北京市实美职业学校的教育专家牛德孝校长、廖爽书记、赵尔平女士；台湾曼都国际集团赖志郎董事长、北京锦诚兴业商贸有限公司王宏董事长、上海波林丝生物科技有限公司研发蓝震教授等众多专家在专业知识和专业技术方面的大力支持与帮助，在此表示衷心的感谢！

由于水平有限，书中难免有疏漏之处，敬请专业人士和读者批评指正。本书编者反馈邮箱：zz. dzyj@pub. hep. cn。

编者

编写团队主要成员简介

目录

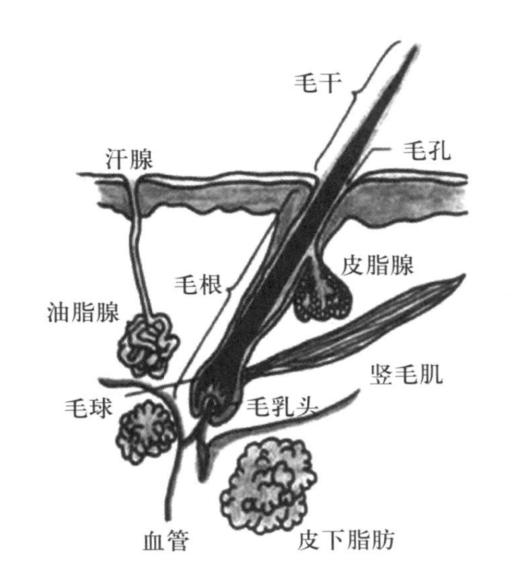

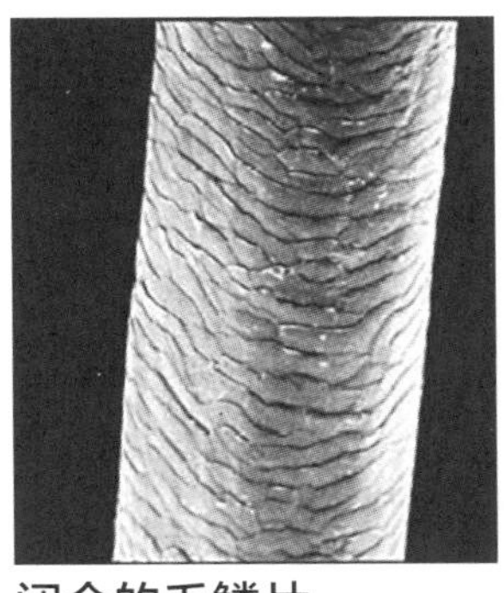
闭合的毛鳞片

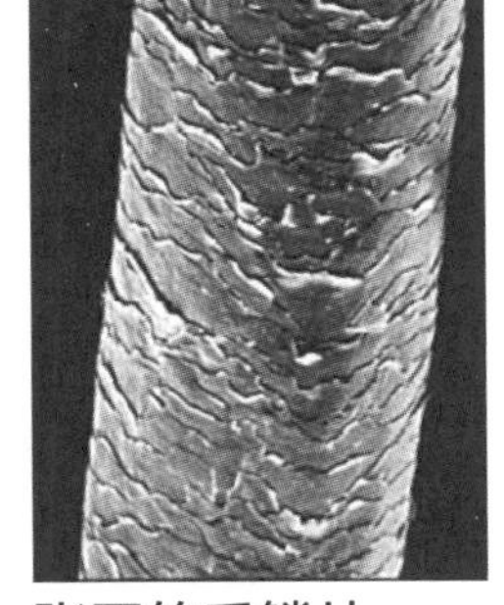
张开的毛鳞片

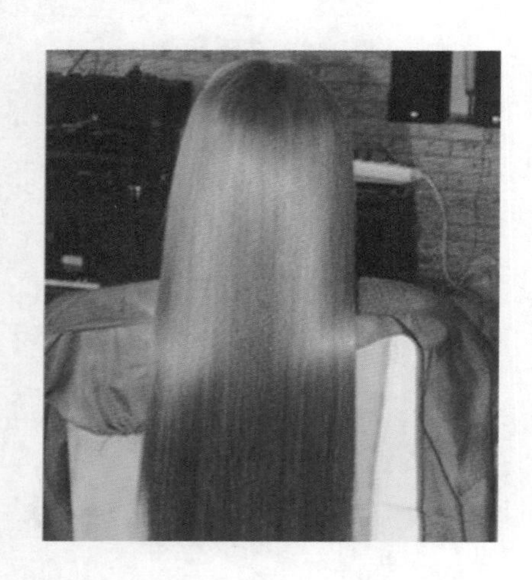

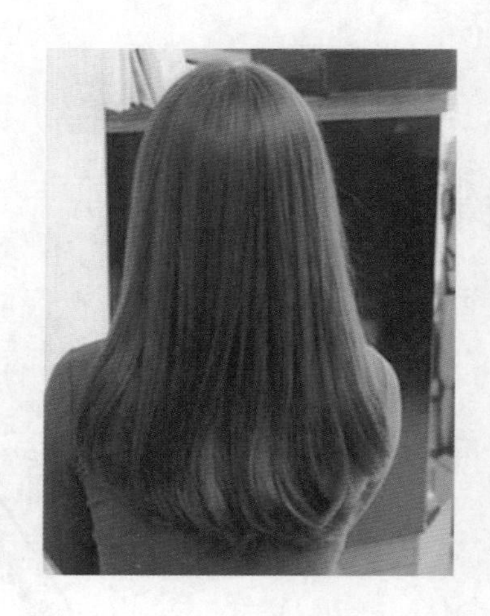

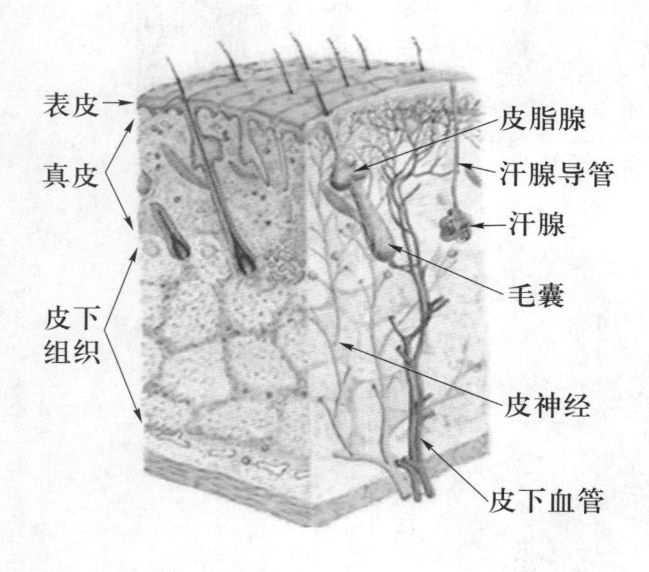

表皮
真皮
皮下组织
皮脂腺
汗腺导管
汗腺
毛囊
皮神经
皮下血管

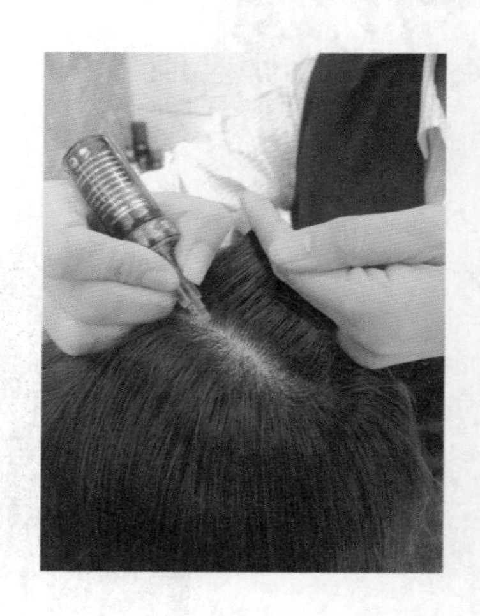

项目一
洗发

前
前
烫发
洗发
染发
后
后
前
剪吹造型
后

工作、生活中的压力以及城市污染使得很多人的秀发失去了自然平衡的状态，头发干枯、头屑多、出油、头皮不适等问题悄然而生。如何拥有健康的头皮和美丽的头发成为人们关注的问题。

当今社会，人们的健康意识越来越强，头皮的健康与否和头发的生长状况有很大的关系。看似简单的洗发也会影响发质的好坏。洗发的方法不正确不但不能洗净头发，还有可能造成头皮毛孔堵塞，引发各种头皮问题，甚至会造成脱发。正确的清洁头发和日常的头皮养护与头发护理是头发健康的前提条件。洗发是专业沙龙中最基本的服务项目，也是美发项目中关键的操作技能。本教材洗发内容主要包括剪吹造型前、后的洗发，烫发前、后的洗发和染发前、后的洗发。

项目目标

◎ 了解与洗发相关的产品知识

◎ 掌握毛发的生理结构

◎ 掌握常见洗发用品的性能及效果

◎ 能正确识别发质，并能根据发质选择相应的洗发产品

◎ 能正确洗发

◎ 初具安全意识、服务意识、成本意识和环保意识

工作流程和要求

洗发工作流程和要求

序号	流程	内容要求
1	准备	（1）接受任务：引领顾客到位，适时、恰当地与顾客沟通，符合接待标准 （2）选择产品：根据美发操作项目，判断顾客发质，并为其选择适合的洗发产品 （3）环境布置干净、舒适，洗发符合卫生标准。镜台、座椅、工具和用品摆放到位，方便操作
2	操作	（1）接待服务：语言表述清楚，沟通到位；微笑待客，态度热情、大方，肢体动作规范 （2）梳理头发：力度适中，动作娴熟 （3）使用洗发产品：适宜、适量 （4）洗发操作：姿势正确，动作规范、准确、协调、完整、到位 （5）冲洗操作：头发冲洗干净，动作娴熟 （6）吹风造型：手法正确、发型适宜
3	效果	（1）发质：头发光顺、易于梳理，纹理清晰、通透、有动感 （2）发型：发式有型、符合审美要求 （3）服务：全程服务规范、热情、到位，顾客满意
4	结束	（1）整理工作环境：整理及时，干净利落。整理内容包括：清扫场地，设备、设施、工具、仪器清洁干净、摆放整齐，全部归位 （2）服务礼仪，礼貌送客。送客包括：表情、语言、动作合规，顾客物品的携带提醒，进、出门及操作过程中的服务礼仪全部到位

操作流程

准备（知识、环境、用品、技能）→操作（接待语言表述、肢体动作、技能动作）→效果（舒适、美观）→结束（顾客满意、送宾、结束语、整理工作区）。

任务一　剪、吹发洗发

案例1：一天上午，王女士来到美发厅修剪头发。发型师安排发型助理师为其进行修剪造型前、后的洗发服务。发型师和发型助理师运用专业知识和技法，为王女士进行了发型修剪、吹风造型前后的洗发与修剪吹风造型服务。王女士满意而归。

学习目标

◎ 能根据顾客的发质情况，为其选择适宜的洗发产品

◎ 能与顾客进行剪、吹造型前、后洗发相关知识的沟通

◎ 能运用准确、规范的洗发操作方法和服务流程，完成剪吹前、后的洗发任务

◎ 具备剪、吹发洗发的服务意识、安全意识、卫生意识和成本意识

知识准备

1. 毛发的生理知识

（1）毛发的结构

人的毛发分为长毛（头发、胡须、腋毛、阴毛）、短毛（睫毛、眉毛、鼻毛、外耳道短毛）、毳毛和胎毛4种。长毛和短毛的特点是粗而硬、色泽浓、有髓质和黑色素。毳毛比较细软，色淡、无髓质，分布于面部、颈、躯干及四肢等处。胎毛是初生婴儿身上的毛发。

头发属于长毛，是人体皮肤的一种附属物。它由毛干、毛根组成（图1-1-1）。

① 毛干：是指位于皮肤外部的部分。主要成分为蛋白质，占毛干总质量的85%~90%。毛干由内向外可分为三层，即表皮层、皮质层、髓质层（图1-1-2）。

• 表皮层是头发的最外层部分，其作用是使头发看上去亮丽、有光泽，保护髓质层和皮质层。表皮层占发干10%~15%。表皮层由如鱼鳞般的表皮重叠组成。表皮由硬质角蛋白组成，坚固但耐磨性差，因此容易在过度梳理或洗发过程中受损。

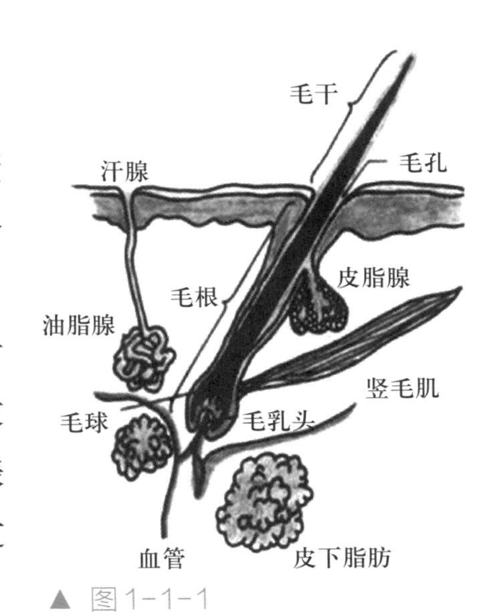

▲ 图1-1-1

相邻的表皮之间存在一种中央为黑色、两侧为白色构成的组织。这种组织被称为细胞膜复合体。细胞膜复合体是相邻表皮之间以及皮质内细胞间的接合，又是皮质内部水分或蛋白质溶出或外部的水分和烫发剂、染发剂等药物渗入毛干内部的通道。健康的表皮层平整、滑润，具有反光性，也就是平常通常所说的头发润泽、柔顺。

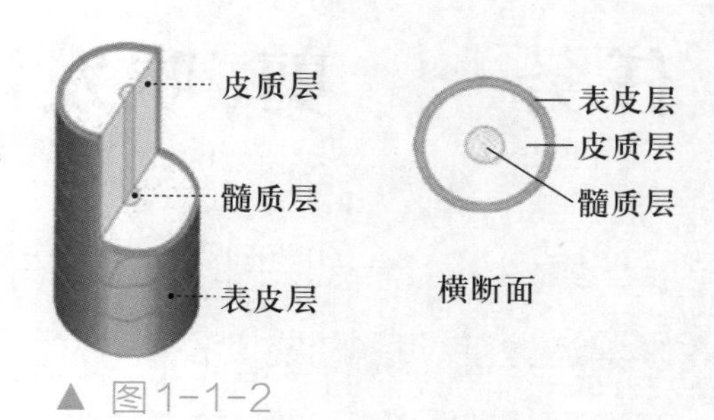

▲ 图1-1-2

• 皮质层：位于毛干中层，是毛发的主体。皮质细胞由角蛋白组成，顺着头发生长方向比较规则排列，皮质层占毛干的85%~90%，包含着决定头发颜色的颗粒状的黑色素。皮质层也是决定头发柔软性、弹性及强度等物理性质的重要部分。

• 髓质层：位于头发发干中心部位，由蜂窝状细胞组成。一般来说越粗的头发，髓质层越厚。胎毛没有髓质层。

② 毛根：是指毛发位于皮肤内部的部分。主要有毛囊及毛乳头。

• 毛囊：是毛根在真皮层内的部分，由内毛根鞘、外毛根鞘和毛球组成。内毛根鞘在毛发生长期后期是与头发直接相邻的鞘层。内毛根鞘是硬直的、厚壁角蛋白化的管，它决定毛发生长时截面的形状。

• 毛乳头：位于毛囊的最下端，连有毛细血管和神经末梢。在毛囊底部，表皮细胞不断分裂和分化。这些表皮细胞分化的途径不同，形成了毛发不同的组成部分（如皮质、表皮和髓质）。

（2）头发的生长规律

头发并不是无限制胡乱生长的，无论是生长方向，还是生长周期都有一定规律。一个人的一生中大约可以生长出100万根头发。一个成年亚洲人有10万~15万根头发，而一个成年欧洲人或非洲人有15万~18万根头发。

头发由毛球部分的毛乳头细胞的分裂增殖而生长。一般把这个分裂增殖期称为活动期。当分裂增殖不活跃时，头发渐渐停止生长。一般把这一时期称为退化期。等到头发完全停止生长则进入休止期。衰老的毛发就会自动脱落。旧发脱掉后，毛乳头又开始分裂增殖活动，新发便逐渐生出。头发从新生到衰老的过程，称为头发的生长周期。成年男性头发的生长周期为3~5年，成年女性头发的生长周期为1~6年。

头发在健康的状态下，一个月能长1厘米左右，但是头发的生长速度不是绝对不变的，它会受季节、年龄和性别的影响。一般来说，春夏两季头发生长的速度较快，而秋冬季节相对较慢；青年人头发的生长速度一般比老年人快；女性头发的生长速度一般比男性快。

2. 各类发质的特征及相关护理建议

发质是由身体所产生的皮脂量决定的。不同的发质有不同的特性。了解发质，是正确护理头发的第一步。认清顾客的发质，选用适合的洗护发产品和方法，对保持顾客头皮和头发的健康、美观很重要。

（1）油性发质

油性发质头发易油腻。油性发质的顾客大多有饮食和生活不规律内分泌紊乱、精神压力大的状况。而过度梳理、经常食用高脂食物等也会使油脂分泌过多从而加重症状，油性发质应经常清洁。

护理建议：应建议顾客多吃水果和蔬菜，多喝水，少吃高脂食物，少熬夜。尽量每天洗头，选择有控油配方的洗护产品，以帮助收缩头皮毛孔和减少皮脂分泌。使用护发素时，只能涂在头发上，不能涂在头皮上，并应冲洗干净。

（2）干性发质

头发无光泽、干燥、容易打结，特别在潮湿的情况下难以梳理。干性发质通常头发根部稠密，至发梢则变得稀薄，有时发梢还开叉。油脂分泌少，头皮干燥、容易有头皮屑。干性发质的头发弹性较低，弹性伸展长度往往小于原长的25%。干性发质的顾客大多皮脂分泌不足或头发角蛋白缺乏水分。经常漂、染或用过热温度烫发，天气干燥也是诱因之一。

护理建议：使用营养丰富的焗油护理型洗护产品，为头发补充水分和营养，让洗后的头发柔顺滑亮。同时，干性头发比较脆弱，应避免暴晒，可使用有防晒成分的保湿定型剂。干性头发也不能经常漂、染、烫，以免发质受损。

（3）中性发质

头发既不油腻也不干燥。头发柔软顺滑，有光泽，油脂分泌正常。

护理建议：使用营养均衡护发产品洗发，以均衡滋润头发，保持秀发营养充足。经常洗发，也能令发根强健。洗发的时候，可以配合头皮按摩，以保持血液循环畅顺，让头部皮肤更健康。

（4）混合性发质

头发根部比较油腻，而发梢部分干燥甚至开叉。处于经期的女性和青春期的少年多为混合型头发。此时体内的激素水平不稳定，于是出现多油和干燥并存的现象。此外，过度进行漂、烫、染发，加上选用洗护产品不适宜、护理不当，也会造成发丝干燥但头皮油腻的发质。

护理建议：洗发时就要特别注重发根部分和头部皮肤的清洁。经常梳发也有助于帮助头部皮肤分泌的油脂到达发梢，令发梢得到滋养。日常护理时要选择恰当的洗护产品，还可在干发或湿发的发梢抹上免洗的护发品，随时随地滋润干燥的发梢，预防分叉。

可以这样认为：头发的性质多与皮肤的性质相同。面部皮肤属于干性的人，头发也多是干性的。

温馨小贴士

1. 多摄取增加头发营养的食品

头发所需的主要营养成分，多来源于绿色蔬菜、薯类、豆类和海藻类等。

绿色蔬菜包括：菠菜、韭菜、芹菜、圆辣椒、芦笋等。绿色蔬菜能调节皮脂分泌，有助于色素的分泌，使发色鲜亮。并且，由于绿色蔬菜中含有丰富的纤维质，能增加发量。

豆类：常吃豆类能增加头发的光泽和韧性，起到滑润的作用，防止分叉和断裂。

海藻类：海菜、海带、裙带菜等含有丰富的钙、钾、碘等微量元素，能促进脑神经细胞的新陈代谢，还可预防白发。

除此之外，甘薯、山药、香蕉、菠萝、杧果也是有利于头发生长健康的食品。

2. 影响头发健康生长的因素

（1）食品因素

过量食用高盐高糖高脂类食物，如奶油糕点、快餐食品、碳酸饮料、冰激凌等，会影响头发的正常生长，容易出现白发。另外吸烟过多也会影响头发的生长。

（2）情绪因素

心绪不宁，如经常紧张、焦虑不安，会影响毛发的正常生长。

（3）环境因素

长期在潮湿寒冷环境中生活工作的人，由于受湿寒影响，新陈代谢不佳、血液循环受阻，因此，头发容易变细，出现头皮增多、脱发、断发等现象，特别是头顶的头发会越来越稀薄。所以应注意保暖、调理脾胃、多晒太阳，以抵御环境对人体的不良影响。同时在饮食方面也要注意，不要喝过凉的饮料或吃过凉的食物。

3. 头发的生理功能

虽然人类毛发的许多功能已经退化，但很多部位的毛发对人体来讲还是非常重要的，例如：头发对颅顶骨的保护、睫毛对眼睛的保护、鼻毛的防尘作用、阴毛的缓冲作用等。而头发的主要功能有以下几点。

（1）机械性保护作用

当头部受到外界撞击时，头发将头皮与撞击物隔离，局部损伤会降低。

（2）防日晒

日光中紫外线的过度照射会严重影响人的健康，头发像屏障一样遮挡紫外线，从而保护头皮深层组织免受日光辐射。

（3）御寒

浓密的头发可以帮助头部抵御寒冷空气的侵袭。

（4）美观效果

头发也是健美的重要标志之一，漂亮的头发加上适当的修饰可令人看起来精神、靓丽。

（5）调节体温

头发中的毛髓质的间隙物质充盈，在一定程度上阻止了外界冷热的侵袭。

4. 洗发的目的

洗发的目的在于清除头皮及头发上的灰尘、油垢及头皮屑，便于发型设计师制作出精美发型，同时使头皮及头发的生理机能旺盛。洗发时的按摩，能使人头皮舒畅，心情愉快倍增。有光泽、秀美的头发，不仅体现了健康，也使人充满了自信。所以，洗发前后的按摩、选好洗发和护发用品、水质和水温、洗发方式对头发的健康状况都很重要。

5. 洗发的方法

看似简单的洗发护发也会影响发质的好坏。洗护方法不对，轻者头皮头发清洗不干净，造成头皮毛孔堵塞，严重的会引起头发炎症和脱发。日常生活中，由于头皮上沾有灰尘和汗水，细菌也因此生长繁殖，从而破坏毛囊，影响头发的寿命。而不恰当的洗、护发和漂、染、烫也会使头发受损，因此，需要进行定期专业的洗护。正确的洗护头发能够将头发和头皮中的污垢有效地清除，使头发在一个健康的环境下生长。

洗发方法如下。

（1）梳理头发（图1-1-3）

洗头前，先用梳子将头发从下至上分层梳开、梳顺，用梳子按摩头皮，这样减少头发上的灰尘、污物及头皮屑。如此，洗头时便可减少洗发液的用量，降低对头皮的刺激。

（2）冲湿头发（图1-1-4）

使用洗发水之前，先以接近体温的温水冲洗头发，洗发时的水温以38~42 ℃为宜。水温过低，不易把油脂等污物清洁干净；水温过高，又会刺激头皮表层细胞，反而使得头屑增多。

（3）施放洗发液

洗发液用量应适宜。先将适量洗发液倒在手掌心，加水轻轻搓揉至起泡，再均匀涂抹于头发上。洗发液的用量：短发需取出5~10 mL的量、中长发需取出5~15 mL的量，长发则需取出10~25 mL的量，可根据发量的多少适当调整。用量过少会导致打起的泡沫量不足，而造成头发之间被过度摩擦，使头发受损。用量过多，会刺激头皮，且不易冲洗干净。切记：千万不要将洗发液直接倒在头上搓洗，这样做容易造成局部头皮的洗发液浓度过高，长此以往会造成异常脱发。

（4）抓洗头发（图1-1-5）

洗头时不要用手指甲抓或梳齿用力梳头发，这样容易伤及头皮，造成毛囊受损、头皮发炎等现象。如果当天使用过头发造型用品，则应先将起泡的洗发液涂抹在发中至发尾的部分，先清洗掉头发上残留的造型品，并用温水彻底清洗干净；然后，取适量洗发液并充分打起泡沫，将泡沫涂擦于发根部，以指腹轻轻按摩头皮，再用温水清洗2~3分钟，确认清洗干净后，用两手将头发中多余的水分轻轻挤压出去。短发的人可将头发全部向后挤压出多余的水分。油性头皮者应着重清洗发根；干性头皮者则不宜清洗太久，以免让洗发液与头皮接触的时间过长。

注意：抓洗头发后必须将洗发液冲洗干净。

▲ 图1-1-3

▲ 图1-1-4

▲ 图1-1-5

（5）涂抹护发素（图1-1-6）

涂抹护发素其目的是润发。将护发素涂于全部头发上，使其达到快速、浅层保养头发。护发素能快速补充头发所需的水分及养分，并顺滑、闭合头发表层的毛鳞片，让头发滑顺、不打结，减少养分流失的速度。护发素一般使用量：短发取出5 mL左右、中长发需取出5~10 mL，长发则需取出10~15 mL的量，可根据发量的多少适当调整。将护发素均匀涂于头发上，一般只需集中修护发尾。长发的人，可离发根半寸后开始涂擦至发尾。若涂擦时发现头发打结，则用手指轻轻拨开头发将其润滑。

（6）冲洗干净头发（图1-1-7）

用大量的清水将护发素冲洗干净。如果冲洗不干净，残留物容易堵塞毛孔造成头皮过敏现象。如果护发素的使用说明提到应在头发上保留一段时间，则可根据产品说明操作。

（7）完成洗发后的整理

洗发后，使用毛巾以夹住头发的方式，轻轻压干头发。头发清洗后，毛鳞片会张开，这时如果用毛巾大力搓干头发，会使头发表皮层受损。

（8）吹干头皮和头发（图1-1-8）

用适中的风温先将所有发根吹干，再将发干和发尾吹至八成干左右即可。不要让头发自然干燥。头发长时间处于潮湿状态容易影响发质。

▲ 图1-1-6

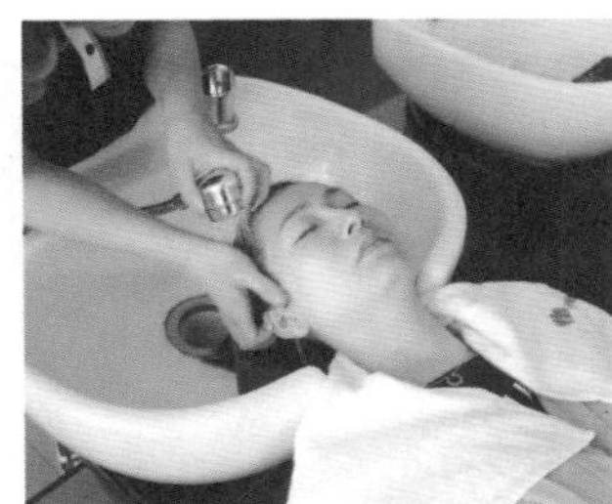

▲ 图1-1-7

▲ 图1-1-8

技能准备

1. 洗发时的站位与姿势（图1-1-9、图1-1-10）

2. 洗发的手法与技巧

① 打泡沫的手法见图1-1-11和图1-1-12。

② 抓洗头发和头皮的手法见图1-1-13~图1-1-15。

③ 收包发干和发尾的手法见图1-1-16。

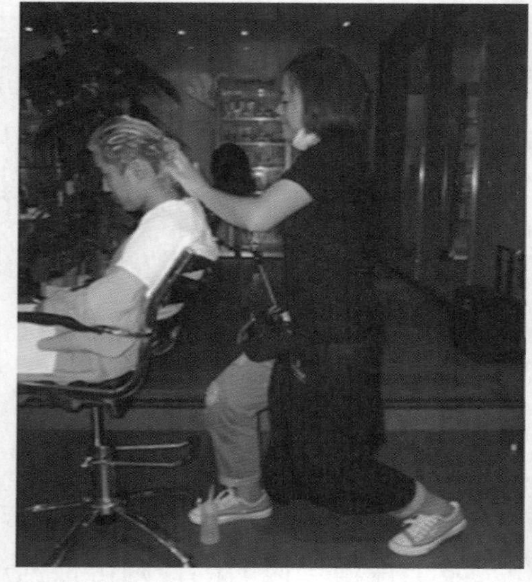

▲ 图1-1-9

▲ 图1-1-10

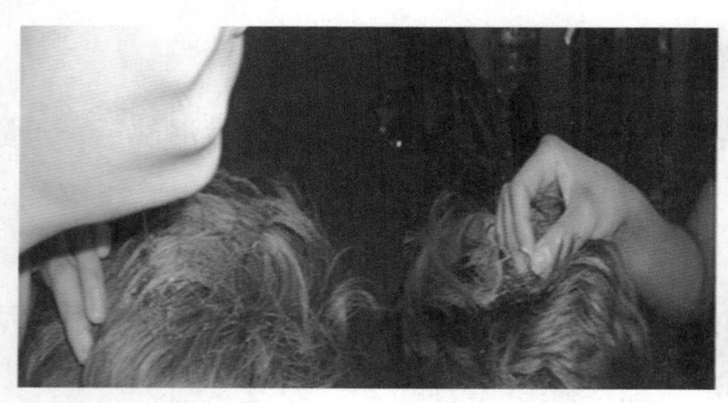

▲ 图1-1-11

▲ 图1-1-12

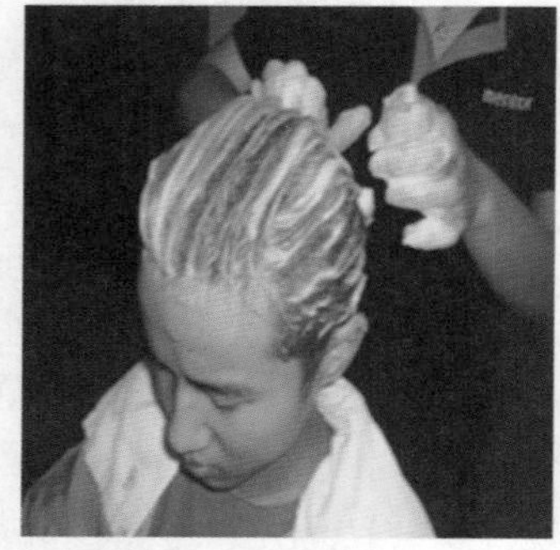

抓洗前头部

▲ 图1-1-13

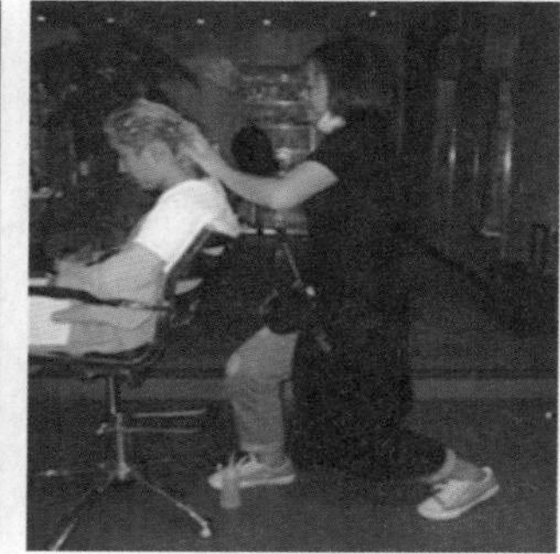

抓洗后头部

▲ 图1-1-14

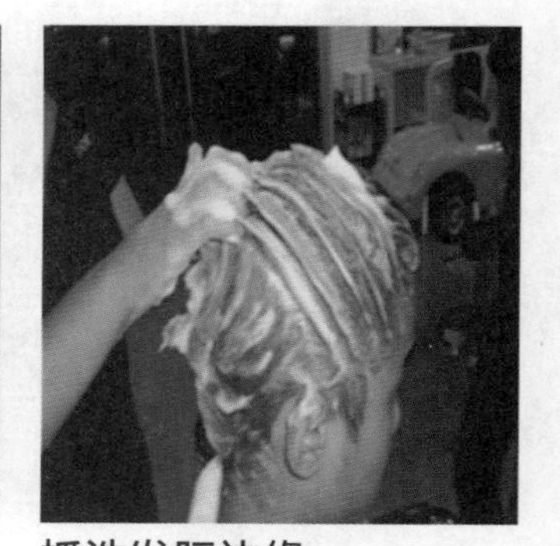

抓洗发际边缘

▲ 图1-1-15

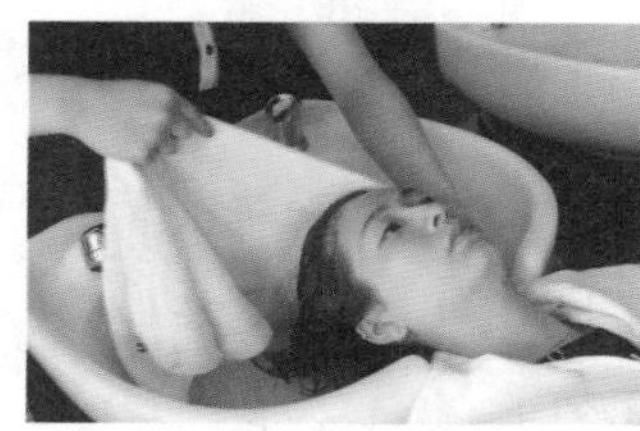

▲ 图1-1-16

任务实施

1. 接受任务准备剪、吹发洗发

剪、吹发洗发准备工作步骤见表1-1-1。

表1-1-1

① 环境准备

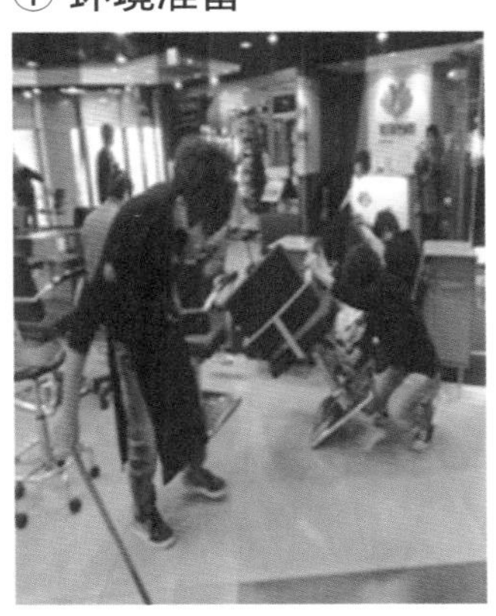

（1）工作环境干净、整洁：按照卫生管理要求，搞好本岗位周围的环境卫生。
（2）环境优雅：空气流通、光线柔和，室温适宜、播放轻音乐。
（3）设施、设备完好、齐全：上、下水畅通，冷、热混合软化水，水压稳定，水量适中。
（4）工具、洗、护发用品等齐全，且摆放有序，方便使用。

② 个人卫生准备

（1）整体形象干净利落。
（2）手、指甲、口腔、身体各部位及头发清洁，无异味。

③ 个人仪表准备

（1）服装干净、整齐、端庄、大方。① 穿着合体、大方、整洁的工作服，② 佩戴工牌。
（2）发型美观、淡妆上岗。

④ 设备、设施检查

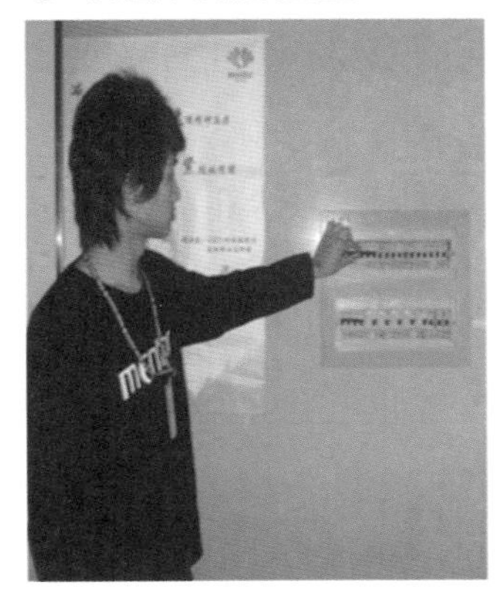

全部设施设备、用品完好无损。美发厅地面、洗发池、水龙头、美发座椅、工作镜台等清洁、干净，工具车、工具摆放规范。

⑤ 用品、用具检查

所有工具、用品，干净整洁、完好无损。电吹风、梳子、毛巾、围布、镜子等码放整齐。

⑥ 产品准备

根据顾客发型造型和发质的需要，准备适合的洗发、护发产品。

续表

⑦ 接待语言和姿态	⑧ 接待领位	工作提示要点
 （1）用语礼貌：语言文明、语音友善、口齿清晰、语气委婉、语速适中。 （2）站姿优美：挺胸、收腹、直腰、提臀、颈部挺直、目光平视，下颌微收，双脚呈丁字形或V字形站立。 （3）步态优雅：行走时，头正、身直，双脚基本走在一条直线上，步子适中，步伐平稳。	 （1）面带微笑，目光温和。 （2）手势指示方向明确。 （3）语言表述清晰。	（1）工作主动、态度积极。 （2）操作动作准确，姿态正确，动作有节奏。 （3）洗发时，水温不宜过高，遇到顾客头发打结时不要太用力拉扯，也不能用指甲猛抓头皮。 （4）洗发液不能沾到顾客面部、颈部、耳部皮肤及衣物上。 （5）与顾客交流时，语速适中，音量适当。 （6）工作完毕，需整理好所有用品、用具。

知识链接

洗发产品

洗发液又称洗发精、洗发水、洗发香波。洗发液的主要成分为阴离子界面活性剂，能起到清洁毛发的作用。但阴离子清洁不彻底会产生静电。护发素的主要成分是阳离子界面活性剂，用以中和洗头时残留的阴离子，使头发柔软，顺滑不产生静电。

影响掉发的主要原因是洗发液里的酸碱度（用pH来表示），若pH过低或过高超过国家规定标准，就容易使头发脱落或使头发干枯。人的皮肤对酸碱度承受能力的pH为5.0左右。根据QB/T1974—1994的标准要求，洗发液的pH为4.0~8.0，pH < 4.0（酸性过大），就会造成头发的脱落，严重的还会灼伤头皮；pH > 8.0（碱性过大），不仅会造成头发干枯，严重的还会造成头部皮肤的伤害。洗发液里有害物质主要是铅、汞、砷，因此国家标准规定：汞≤1 mg/kg，砷≤10 mg/kg，铅≤40 mg/kg。汞超标就会造成皮肤红肿，严重的会造成皮肤溃烂或者脱皮。铅、砷超标，从皮肤表面是看不出来的，但使用过多，同样会给皮肤带来伤害。

洗发液的卫生指标也很重要，如果微生物指标、细菌总数指标控制不严的话，洗头时不小心刮伤皮肤，就会造成感染，严重的还会引起红肿或者溃烂，若混入致病菌会导致传染性疾病的发生。

洗发液的主要成分。

（1）油脂类

包括植物性油脂，如蓖麻油、椰子油、杏仁油等；动物性油脂，如牛油脂、羊油脂等；石化类合成酯。

（2）界面活性剂

界面活性剂多用阴离子：阴离子易溶于水，起泡力强，清洁力佳。

温馨小贴士

发宜常梳

中医认为：人体内外上下、脏腑器官的互相联系、气血调和输养，要靠人体中的十二经脉、奇经八脉等经络起传导作用。经络遍布全身，气血由此通达全身，营养组织器官，抗御外邪，保卫机体。这些经络十二经脉汇集点在头部，头顶“百会穴”就由此得名。通过梳头，可以疏通气血，起到滋养和坚固头发、健脑聪耳、散风明目、防治头痛的作用。早在隋朝，名医巢元方就明确指出，梳头有通畅血脉，祛风散湿。

2. 剪、吹发洗发操作步骤(表1-1-2)

表1-1-2

① 欢迎顾客进门

② 引领顾客入座

③ 为顾客围好毛巾

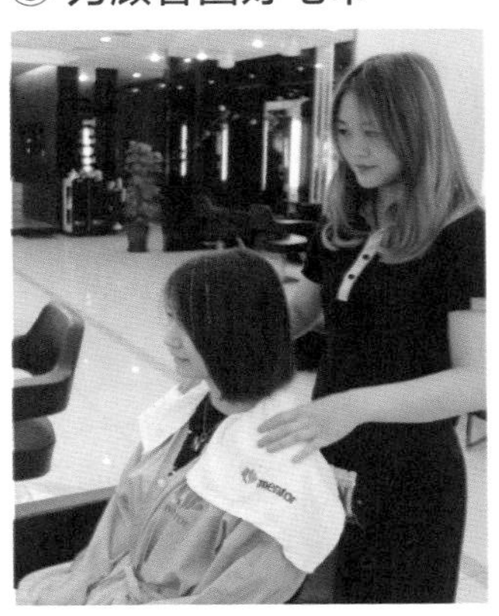

④ 按摩肩部，沟通并选择适合的洗护用品

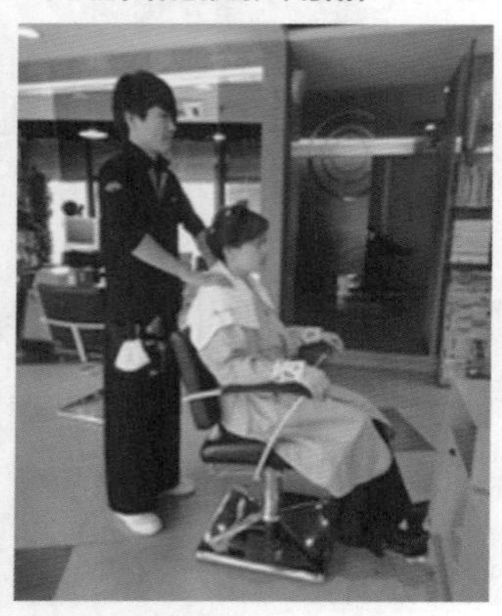

⑤ 梳通、梳顺头发

⑥ 冲湿头发

⑦ 打泡沫

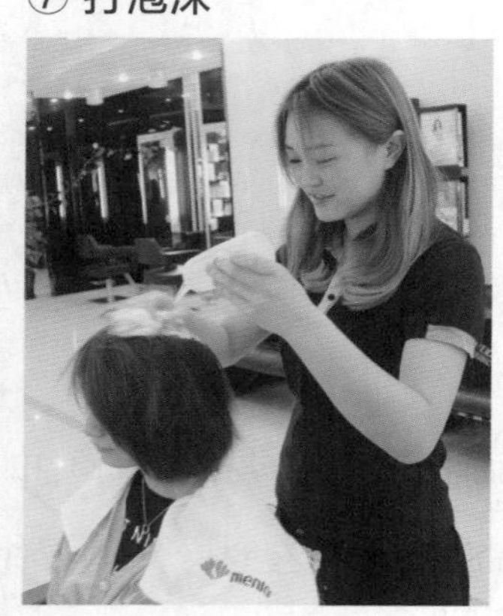

⑧ 抓洗头发

⑨ 冲洗头发

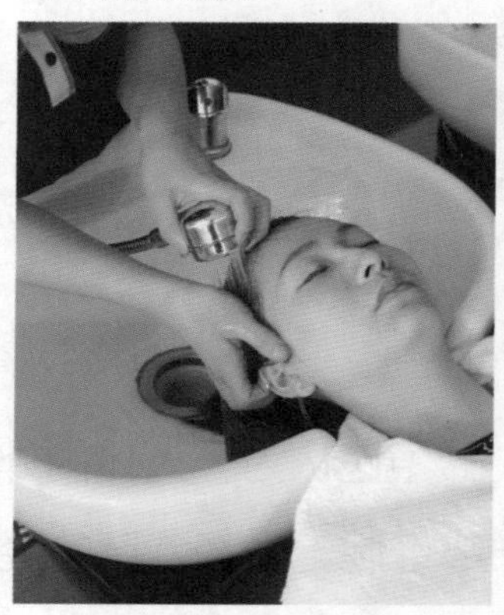

⑩ 包裹住头发

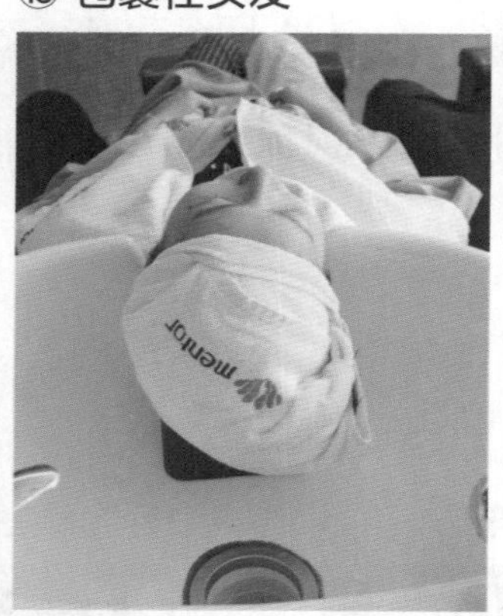

⑪ 吹风造型

3. 洗发效果测评

洗发效果测评见表1-1-3。

表1-1-3

序号	检查内容	自查		顾客反馈		指导师评价	
		是	否	是	否	是	否
1	接待礼仪是否到位	□	□	□	□	□	□
2	个人卫生是否合格	□	□	□	□	□	□
3	环境卫生是否合格	□	□	□	□	□	□
4	准备工作是否充分	□	□	□	□	□	□
5	操作动作是否连贯	□	□	□	□	□	□
6	操作动作节奏是否均匀	□	□	□	□	□	□
7	洗发力度是否合适	□	□	□	□	□	□
8	操作动作是否规范	□	□	□	□	□	□
9	操作动作是否到位	□	□	□	□	□	□
10	顾客是否满意	□	□	□	□	□	□
11	收尾整理工作是否到位	□	□	□	□	□	□

4. 洗发结束

洗发造型结束，发型助理师或和发型师一起送宾客至店门口并目送顾客离开。接着发型助理师返回到工作场所，收好洗发毛巾、围布、客服、洗发护发品、工具等，整理好相关的物品和环境卫生。

情境再现

发型助理师：× 女士，洗发结束了，您感觉头部舒服吗？

顾客：挺好的，头部轻松了许多。

发型助理师：如果您要想缓解头部疼痛，我建议您最好一周做两次洗发按摩，如果您工作太忙，也要一周做一次。坚持做的话，还能有效改善工作疲劳，同时还可提高睡眠质量。

顾客：好的，记住了，谢谢提醒！

发型助理师：请问您对今天的美发效果还满意吧？麻烦您帮忙评价一下我的工作表现。

顾客：谢谢！很满意！我来给你写意见。

发型助理师：非常感谢！欢迎您再来！您请慢起（帮顾客脱下客服并将其慢慢扶起），我陪您取包（把顾客引领到存包处，站在顾客身旁并帮忙拿东西），请检查一下您的随身物品，是否都带齐了（再引领顾客到收银台结账）？

顾客：都拿好了，谢谢（到收银台）。

发型助理师：不客气！这是您的美发档案记录，请您签字确认。

顾客：好！谢谢！

发型助理师：不客气！这是我应该做的。我送您！请慢走！

顾客：谢谢！再见！

发型助理师：再见！欢迎您下次光临！

操作者提示

发型助理师与顾客交谈时，要始终保持微笑，自然正视顾客，从目光中流露出对顾客的欢迎和关切之意。但也不能目不转睛地盯着对方，否则会使顾客感到紧张和不安。在服务中不能东张西望，漫不经心，更不能俯视或斜视顾客，目光应与顾客的目光保持水平，以示专心和尊重。

任务小结

洗发是专业美发店最常见的服务项目，洗发前的准备工作直接影响美发工作的顺利进行。发型助理师应根据不同顾客的个体情况，认真按照规范的操作流程进行操作。

学会正确的操作手法，能够准确进行头发和头皮的清洁操作，掌握剪发吹风前、后洗发护发的工作流程、准备工作的相关内容，能够独立完成洗、护发的接待流程，养成良好的工作习惯，为发型师更好地完成设计发型造型打好基础。

知识链接

洗发产品的选择

在洗发产品的选择上，要先考虑顾客的发质、头皮的状况。洗发产品大体可分为两大类：日常清洁类洗发液和功能性洗发液。日常清洁类洗发液多是根据发质的实际情况来进行分类的，这类洗发液主要是以清洁为目的，适合相对比较健康的发质使用。而功能性洗发液是有针对性治疗功能的洗发液。功能性洗发液中添加了一些药物成分，可具备控油、去屑、防敏感、防脱发等功效。所以在选择洗发液时，一定要结合顾客实际情况来选择。

① 油性发质：选择弱碱性单纯清洁的洗发液。

② 中性发质：选择中性、弱酸性洗发液，含简单护理成分的即可。

③ 干性发质：选择弱酸性含护理成分的洗发液，配合使用护发素，或有规律地焗油护发。

④ 混合性发质：先清洁，后护理。可先按油性发质处理，再对发丝用护发素护理，并避免接触头皮。

在为顾客选择洗护发产品时，也可参考以下几个指标。

① 泡沫度：泛指洗发液发泡的清洁能力。一般来说泡沫越多清洁能力越强，去油脂能力也越强。油性发质宜选用泡沫多的洗发液；中、干性发质选择泡沫适中的洗发液。

② 湿滑度：湿润度高的洗发水，在使用后洗头冲水时，头发不易相互缠绕。湿滑高的洗发产品，一般来说营养护发成分较高，能在洗发的同时给予头发有效的护理。干性头发需要选择具有湿滑度高的洗发液。

③ 刺激性：应尽可能选择刺激性低的洗发液。

④ 控油度：油性发质要选用控油度较高的洗发产品。但若洗发产品中包含劣质的原料，则会导致洗发后短时间内（一天或两天）头发和头皮表面产生过多油分。这样就会导致毛孔堵塞。

⑤ 光泽度：在洗发产品中添加的某些营养素，在洗发时给予头发所需的营养成分，还可以在头发表面形成一层保护膜，使头发光泽亮丽。

⑥ 调理头痒：真菌感染头皮，会造成大量头皮屑产生，并会出现头皮瘙痒等症状，此时可以有针对性地选择含抗真菌类药品的洗发产品。另外头皮过敏也会造成头皮瘙痒，此时应选择温和的洗发产品。发型助理师应分辨原因，有针对性地选择产品。

温馨小贴士

值得注意的是，洗发液作为一种头部清洁产品，不能代替药物来治疗头皮和头发的问题。因此，在选择洗发液时，更应该注意它本身的清洁和护理功能。

洗发产品的$\text{pH} < 5.5$时会使头发的毛鳞片结构闭合，感觉会顺滑；$\text{pH} > 5.5$会使其张开，感觉会干涩。但是作为洗发产品，pH应高于5.5才会产生较好的清洁效果。护发素的pH则应少于5.5，从而使头发毛鳞片闭合。

知识链接

1. 洗、护发小技巧

洗头发不仅仅是净发，而且是保护头发的重要方法。头发的清洗应遵循科学的洗护方法，才会使头皮和头发更健康。

洗头时不要直接把洗发液倒在头上，应把洗发液倒在掌心里，搓出泡沫后再涂抹在发丝上，最后清洗头皮即可。

护理是维护发质的必要手段，但任何护发产品都不会有“起死回生”的效果，护理只能起到缓解的作用。所以，护理产品要坚持使用。使用护发素时，不是简单地涂抹在头发上就可以了，因为发梢最易受损，需加强保护，所以应该先在发梢处涂抹护发素。天然卷曲的头发较为干枯，可适量增加护发素的用量及护发素在头发上的停留时间。

2. 预防头发早白

（1）中医辨证治疗

中医认为年轻人过早出现白发和肾精亏虚有关。发为血之余，发的生机源于血，但血的生机却根源于肾。肾精不足，不能化生阴血，阴血亏虚，自然会出现白发。所以，治疗须发早白，养发护发，还应从养肾入手。须发早白有肾气阴虚和肾精亏虚两种证型，应在医生的指导下对症治疗。

肾气阴虚证型的须发早白：这种情况多发生在工作压力大、生活过度紧张的中青年人身上。表现症状有：头发根发白，兼有头发脱落，头发纤细暗淡或者脆弱易断，同时伴有腰膝酸软、盗汗、怕冷、头昏眼花、神疲乏力等症状。治疗肾气阴虚证的须发早白，可以选用中药方剂知柏地黄丸和生脉饮加减治疗。

肾精亏虚证型的须发早白：这种情况多发生于中老年人或者久病不愈者。表现症状有：头发花白渐至全部白发，兼有稀疏脱落，头发纤细无光泽或者脆弱易断。同时伴有耳鸣耳聋、头昏眼花、腰膝酸软等症状。治疗肾精亏虚证的须发早白，可以选用中药方剂七宝美髯丹加减治疗。

（2）食疗

栗子红枣粥：栗子粉200克，红枣12枚，桂圆肉10克，蜂蜜20毫升。红枣洗净去核；将红枣与桂圆肉一起放入砂锅中，加适量水，煮沸半小时；放入栗子粉再煮10分钟，加蜂蜜调味即可。

归杜圆杞桑芝饮：红枣10枚、杜仲15克，枸杞子、当归、黑芝麻各10克，桂圆肉、桑葚各30克。把上述食材用水适量煎煮，每天早、晚各服1次。本食疗方对肾精亏虚证型的须发早白有很好的疗效。

（3）日常保健

须发早白的人可选足三里穴、气海穴、关元穴、三阴交穴、太溪穴、阴陵泉穴中的几个穴位进行按摩，每次每个穴位按摩3~5分钟，长期坚持效果较好。

用十指梳头的推拿疗法来治疗须发早白，效果也很好。具体手法：双手十指分开微曲，以指端叩击头部，叩击时须连续不断，放松腕关节，用力不要太大，约叩30次；双手十指微屈，以十指端自头额向脑后梳去，梳理时要顺发沿头皮梳；用手掌自前额向头顶方向梳理，双手交叉地进行，各约30次。

3. 保持健康发质三点建议

（1）坚持按摩

按摩是保养、保持头发健康的一个很重要的方法之一。手指沿着头皮按前额、发际、两鬓、头颈、头后部发际的顺序按摩。按摩可以促进油脂分泌，因此，油性头发按摩时用力轻些，要少按；干性头发可稍重些，可多按。

（2）防止阳光暴晒

过度的日晒会使头发干枯变黄。因此，夏季外出最好戴帽子或打伞。如果要到海边游泳，更要注意保护头发，因为海水中的盐分是头发的大敌。如果头发中含有了盐分，更容易吸收阳光中的紫外线，增加头发受损伤的程度。

（3）避免伤害头发

对头发不恰当的处理如频繁的染发和烫发、卷曲或拉直头发等，会造成潜在的危害。头发状况比较好时才可以烫、染，而且一般要间隔三个月，最好间隔半年以上。因为烫发的药水对发质有一定的损害，频繁使用会使头发失去光泽和弹性，甚至使头发变黄变枯。在选择发型时，尽量选择头发卷曲度大而自然的发式，这样新生的直发与烫过的卷发之间不会有太明显的区别；还可以通过吹风造型长时间保持原来的发型。慎重选用洗护发品，如果不了解产品的性能，不要随便使用。

检测与练习

1. 知识检测

掌握以下知识点。

（1）毛发的类型特征

（2）不同毛发类型的护理建议

（3）头发的生长规律

（4）发干表皮层的结构特点

（5）洗发液的相关指标

（6）洗发液的选择

（7）毛发的生理功能

2. 技能训练检测

进行以下训练。

（1）接待顾客时，操作者的站姿训练

（2）接待顾客时，操作者的表情训练

（3）接待顾客时，操作者的沟通话术训练

（4）接待顾客时，操作者的肢体动作训练

（5）为顾客服务时，操作者正确的洗发操作训练

（6）为顾客服务时，吹风的基础手法训练

3. 以小组为单位，进行互动练习。

任务二 烫发洗发

案例2：一天王女士来到美发厅进行烫发。发型师安排发型助理师为其进行烫发前的洗发。发型助理师运用专业的洗发知识和技法，顺利完成了王女士发型烫发前和烫发后的洗发工作。经过修剪和吹风造型后，王女士满意而归。

学习目标

◎ 能根据顾客的发质情况，选择适宜的烫发前的洗发产品

◎ 能与顾客进行烫发前的洗发沟通

◎ 能根据任务的要求，运用准确、规范的烫发洗发操作方法和服务流程，完成烫发前和烫发后的洗发任务

◎ 具备烫发洗发的服务意识、安全意识、成本意识和卫生意识

知识准备

1. 头发毛鳞片的变化

头发的表皮层由如鱼鳞片状的表皮重叠闭合而成，因此也将这些表皮称为毛鳞片。如果毛鳞片排列整齐，就会折射更多的光线，使得头发亮丽动人。如果保护不当，过分用力梳刷、吹发或频繁的烫发、染发等都会损害头发的表皮层，使头发失去亮泽。

完整的毛鳞片平滑、边缘整齐、无损伤，此时的头发柔顺、亮泽，易于梳理；若毛鳞片受损、拱起或被破坏，头发便失去光泽，手感粗糙（图1-2-1）。保护毛鳞片应正确洗发、护发：洗头前应先把头发梳理通顺，当发丝湿润时，遇到打结时不可强行梳理；水温以40 ℃左右为宜。洗发时用指肚进行轻柔按摩头皮和头发，切勿抓洗头皮，最后冲洗干净。

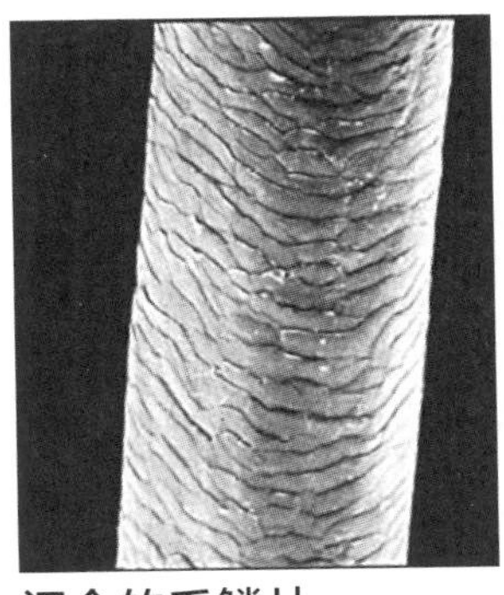

闭合的毛鳞片

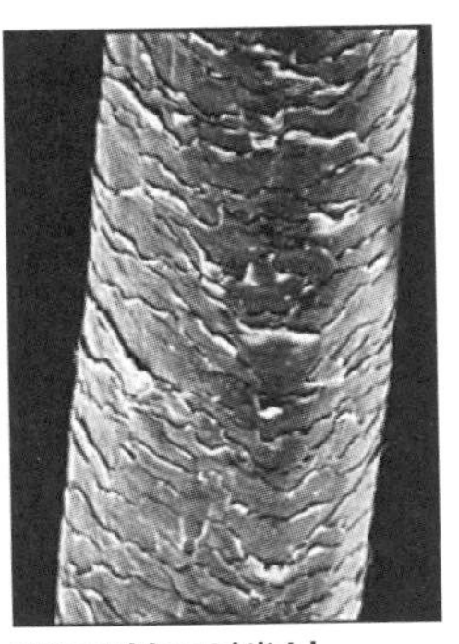

张开的毛鳞片

▲ 图1-2-1

2. 观察和判断发质的方法

当顾客来到店里进行美发时，发型师和发型助理师都会接触到顾客的头发，通过与顾客短时间的沟通，采用以下方法判断顾客的发质。

（1）看

通过眼睛可以观察出头发的基本信息，如头发的颜色、光泽度等。

（2）摸

通过手的触摸可进一步判断头发的质地，如头发的柔软度、弹性，头发的粗细，头发受损的程度等。

（3）询问

询问顾客个人的美发习惯和美发史，如多长时间烫发或染发，使用什么样的洗发液，平时是否关注自己头发的保养问题等，更多地了解顾客的头发状况。

3. 烫发两步洗的作用

由于操作项目的不同，要按照不同项目的要求来完成洗发和护发的过程。烫发的洗发要分成烫前洗发和烫后护发两个操作过程。要明确了解在洗发时洗发液和护发素不同的作用。洗发液是偏碱性的，可以将头发表面的污垢、油脂洗干净，同时可以打开头发的毛鳞片。另外，洗发时所用的水和水的温度，也可以促进头发的毛鳞片张开，使烫发药水渗透得更好。护发素是偏酸性的，护发素会在头发表面形成一层保护膜，头发的毛鳞片会闭合，影响烫发药水的渗透，就会影响烫发的效果。所以，烫发前洗发不使用护发素，烫发后洗发可使用护发素，要分两步完成。

4. 烫发洗发的方法

烫发洗发分成烫发前洗发和烫发后洗发并护发的两个操作步骤。

（1）烫发前洗发

① 梳理头发：先用梳子去除覆盖在头发上的尘埃、污垢以及头皮屑，并且将头发梳通、梳顺。洗发时，选择烫发专用的洗发产品，以免刺激头皮和头发，使头皮和头发更加干燥。洗发液碱性越强，对头发的角质蛋白损伤就越厉害，头发容易发脆、易折断。

② 冲湿头发：使用洗发水之前，先以接近体温的水温冲洗头发。洗发的水温以38~42 ℃为宜。水温低，不易把油脂等污物洗掉；而水温高，又会破坏头皮表层细胞。

③ 施放洗发液：洗发液用量应适宜。要将洗发液均匀揉搓开涂于头发上，并轻揉头

发，直到产生的泡沫足够全部头发的清洗为止。洗发液的用量可根据头发的发量多少和长短来定，用量过多就会浪费，刺激头皮；用量过少会导致打起泡沫量不足，而造成过度摩擦，使头发受损。所以，以打出泡沫的丰富度来定洗发液的用量，泡沫适中即可。

④ 揉搓头发。烫发前洗发主要是将头发上的污垢洗干净，洗头时一定用指甲肚与头皮接触轻轻揉搓头发。揉搓时只洗头发，尽量不揉搓头皮、不刺激头皮。

⑤ 冲洗头发。将头发轻揉搓后，进行冲洗。使用温水清洗2~3分钟。应将全头每个部位冲透、冲净。确认清洗干净后，用两手将头发多余的水分轻轻挤压出去。短发的人则可将头发全部向后按出多余的水分。

烫发前洗发注意事项：1. 洗发时泡沫要丰富；2. 用指肚与头皮接触轻轻抓洗头发，不能用力抓挠头皮；3. 头发和头皮上的洗发液一定要冲洗干净；4. 烫发前洗发时不需要涂抹护发素。

（2）烫发后洗发

① 揉搓发根：烫发拆卷后，手指插到头发的发根处进行根部揉搓，揉搓的目的：一是为了头发去除发根烫发痕迹；二是为了放松头皮。

② 冲洗头发：冲洗的目的是将头发上的烫发药水完全清洗干净，冲洗的时间要长一些，在冲洗时要用手指插入发丝将头发抖散的同时进行冲水，主要是把残留在头发表面的烫发药水彻底清洗干净。

③ 涂抹护发素：目的是润发。将护发素涂于全部头发上，使其在浅层快速的保养头发，它能快速补充头发所需的水分及养分，并滑顺闭合表层的毛鳞片，使头发不打结且滑顺，并减少养分流失的速度。

④ 吹风造型：用最大的风速和温度先将所有头发烘至七八成干，吹干发根，然后在需要造型的重要位置进行进一步的吹风，最后完成整个烫发造型。

烫发后洗发注意事项：1. 拆卷后，要用双手适度揉搓发根；2. 冲洗时，一定要将头发和头皮上的烫发药水冲洗干净；3. 烫发后洗发，需要在发干和发尾表面涂抹护发素。4. 最后要将头发和头皮完全冲洗干净并适当吹风造型。

技能准备

1. 烫发前洗发的技巧

（1）涂抹洗发液（图1-2-2）

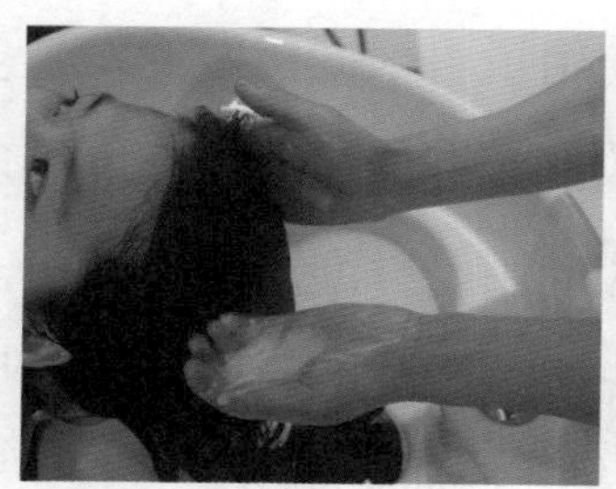
① 侧面涂抹洗发液

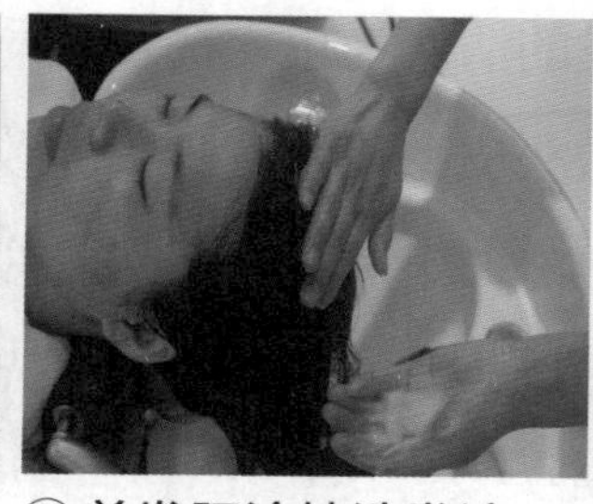
② 前发际涂抹洗发液

③ 两手同时涂抹洗发液

▲ 图1-2-2

（2）揉搓（图1-2-3）

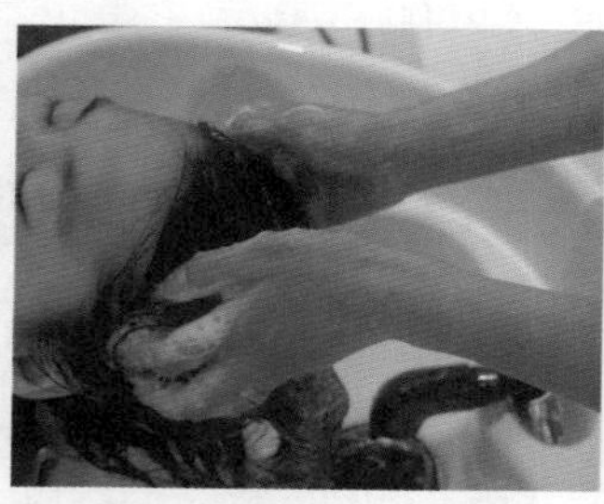
① 指肚与头皮角度垂直或小于90° 拉抹

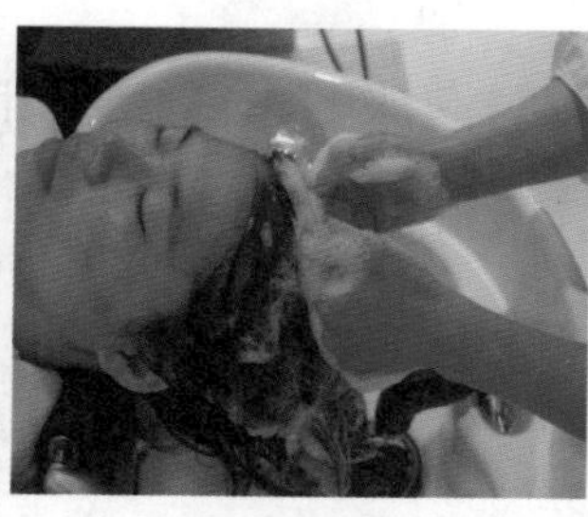
② 从发际到头顶轻揉搓头皮和发根

③ 轻揉搓头顶两侧的头皮和发根

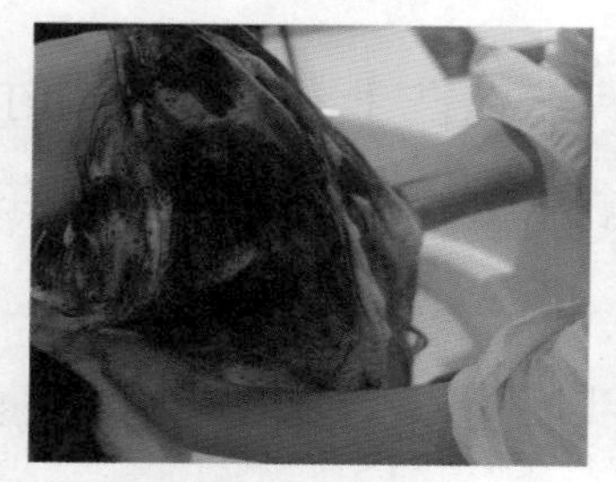
④ 双手托起后发际

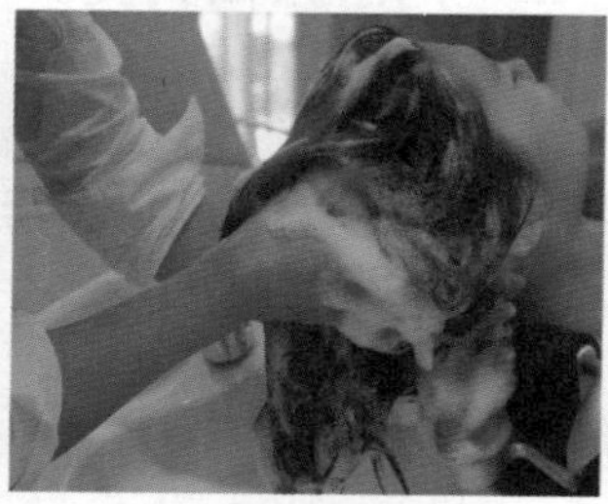
⑤ 一手托头，一手轻揉搓头皮和发根

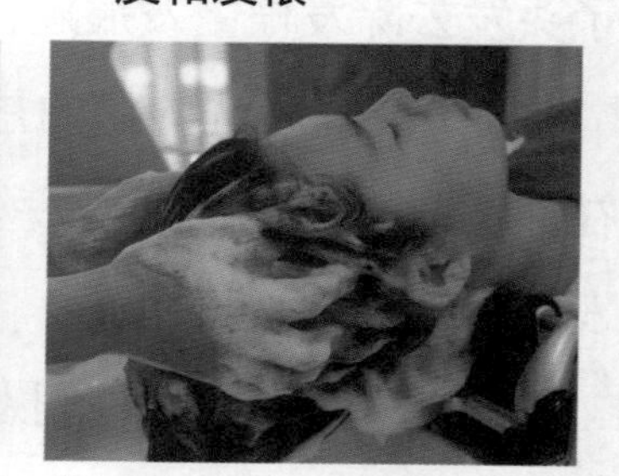
⑥ 双手指肚轻揉搓耳后到顶部的头皮和发根

▲ 图1-2-3

（3）包发干和发尾（图1-2-4）

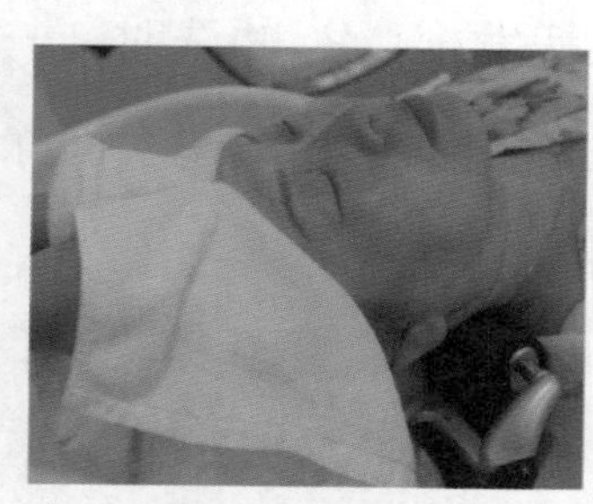
① 干毛巾沿发际线擦拭水分

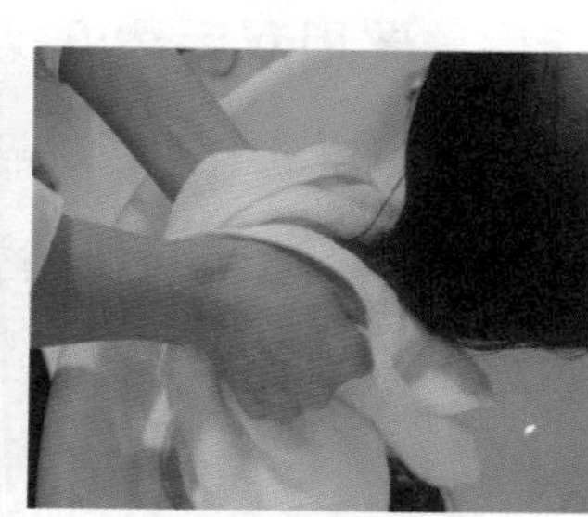
② 擦拭发尾水分

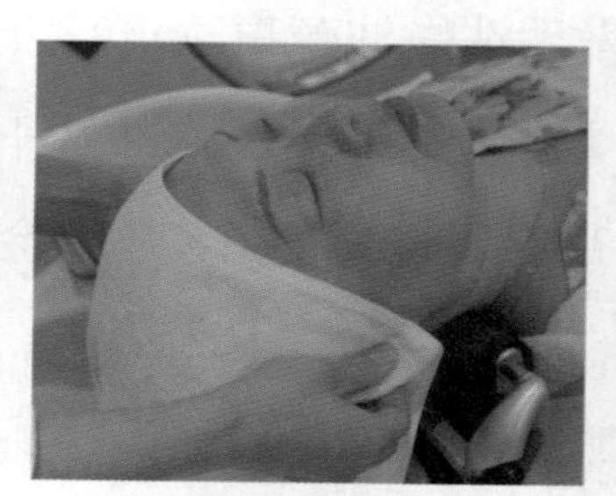
③ 擦拭耳朵部位水分

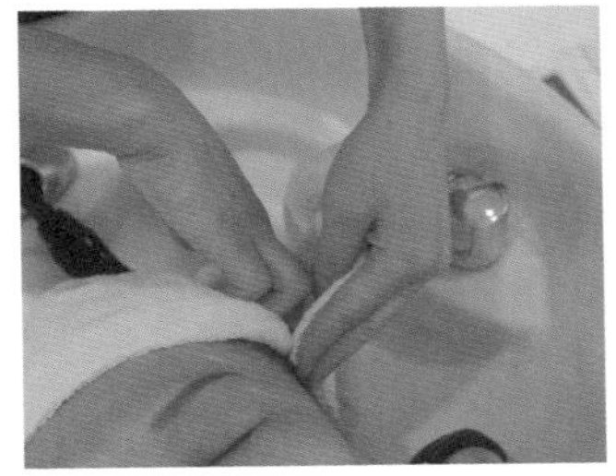

④ 将毛巾折边，从耳边沿发际围一圈

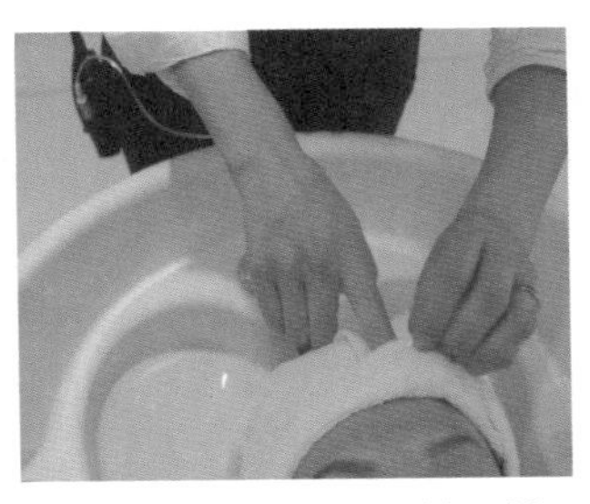

⑤ 毛巾的另一端放到折边里

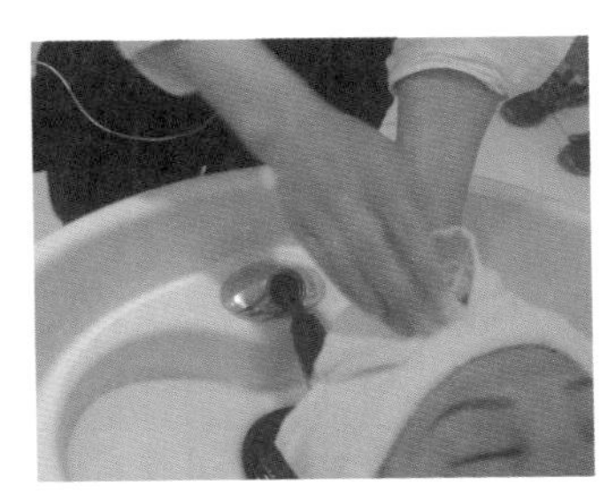

⑥ 将下面的毛巾向上收包住头发

▲ 图1-2-4　包发干和发尾

2. 烫发后洗发、护发的技巧（图1-2-5）

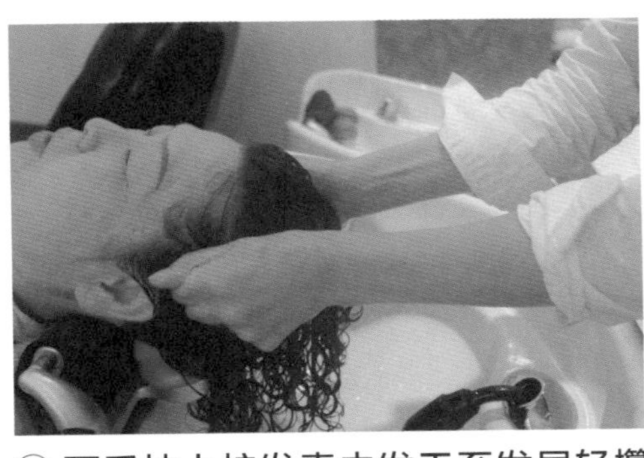

① 两手抹上护发素由发干至发尾轻攥头发

② 灵活移动双手捏攥头发卷曲的位置

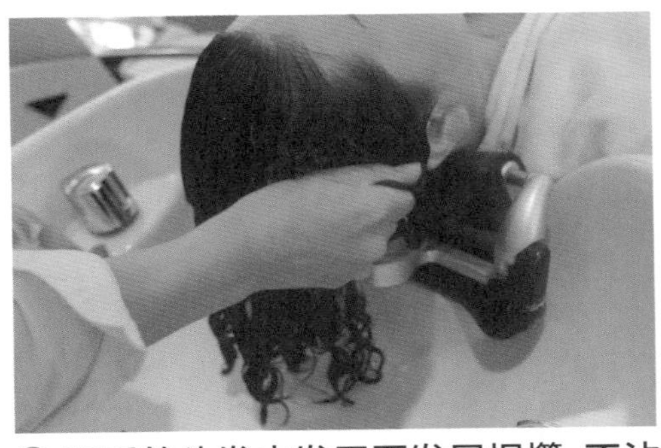

③ 耳后的头发由发干至发尾捏攥，不沾头皮

④ 一手由发干至发尾轻攥头顶中间的头发

▲ 图1-2-5

任务实施

1. 接受任务准备烫发洗发

烫发洗发准备工作步骤见表1-2-1。

表1-2-1

序号	操作步骤	说明要求
1	环境准备	（1）按照卫生管理要求，搞好本岗周围的环境卫生 （2）清洗、消毒毛巾，洗、护发用品等摆放有序，方便使用 （3）空气流通、光线柔和、环境优雅、室温适宜，配备轻音乐
2	个人卫生准备	（1）按照发型助理师个人卫生要求，搞好个人卫生 （2）手、指甲、口腔、身体各部位及头发的清洁，无异味
3	个人仪表准备	（1）穿合体、大方、整洁的工作服 （2）佩戴工牌 （3）发型美观、淡妆上岗
4	设备、设施检查	（1）清洁，洗发池、水龙头、美发座椅、工作镜台、工具车等，摆放规范 （2）设备、设施完好无损
5	用品、用具检查	电吹风、梳子、毛巾、围布、镜子等干净整洁、完好无损、摆放整齐
6	产品准备	（1）能根据顾客的发质，准备适合的洗发、护发产品 （2）可直接选择烫发洗护产品或滋润洗护产品
7	接待语言和姿态	（1）灵活运用礼貌用语，语音清晰，语气委婉，语速适中 （2）站姿优美，挺胸、收腹、直腰、提臀、颈部挺直、目光平视、下颌微收，双脚呈丁字形或V字形站立，尽量做到挺、直、高
8	接待领位	（1）面带微笑 （2）手势方向准确

洗发的方式

美发店的洗发方式一般有两种：一种是坐洗式，另一种是躺洗式，如图1-2-6所示。坐洗式洗发时顾客坐在座位上进行洗发操作；躺洗式洗发时，顾客躺在专业的洗发椅上进行洗发操作。坐洗式操作时，发型助理师在顾客的干发上直接涂抹洗发液，然后边淋湿头发边打泡沫。躺洗式操作时，先要把顾客的头发全部冲湿后，涂抹洗发液再打泡沫。通常，在美发店里，坐洗式洗发适宜单独的洗发项目和剪吹造型项目，烫发和染发前后洗发通常采用躺洗式。从顾客的角度来说，坐洗式比躺洗式更为放松和休闲。

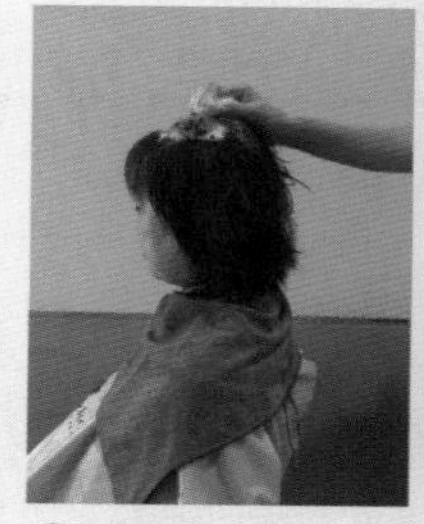
① 坐洗

② 躺洗

▲ 图1-2-6

2. 烫发洗发操作步骤

（1）烫发前洗发

疏通顺头发（图1-2-7）→冲湿头发（图1-2-8）→打泡沫（图1-2-9）→揉搓头发（图1-2-10）→冲洗头发（图1-2-11）→包发（图1-2-12）。

用宽齿的刷子梳理头发

▲ 图1-2-7

烫发前洗发演示

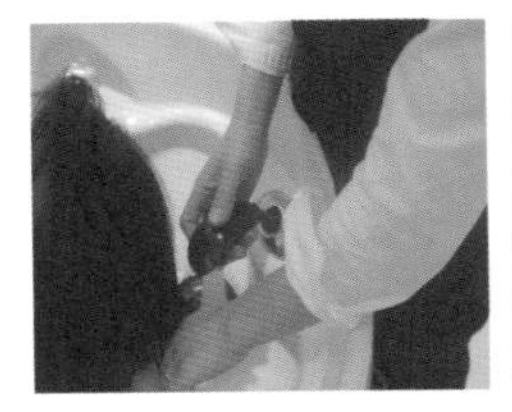

① 试水温

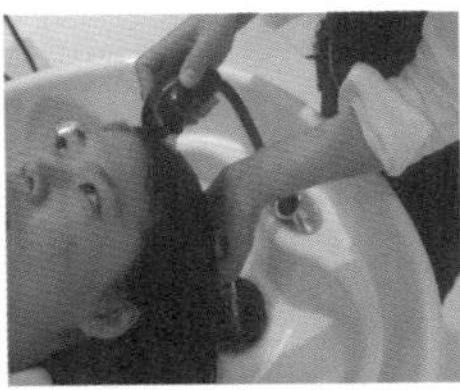

② 从前发际开始冲湿头发

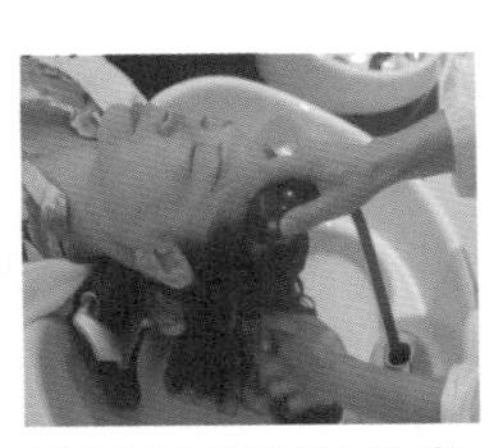

③ 冲湿头顶处头发

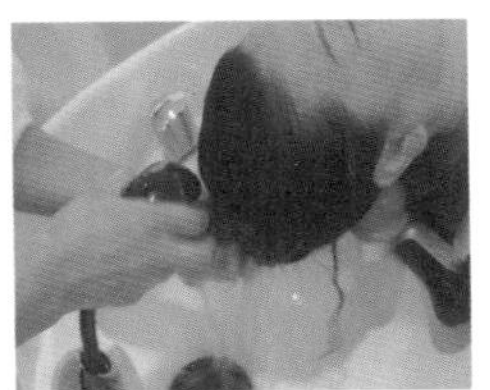

④ 冲湿发尾处头发

▲ 图1-2-8

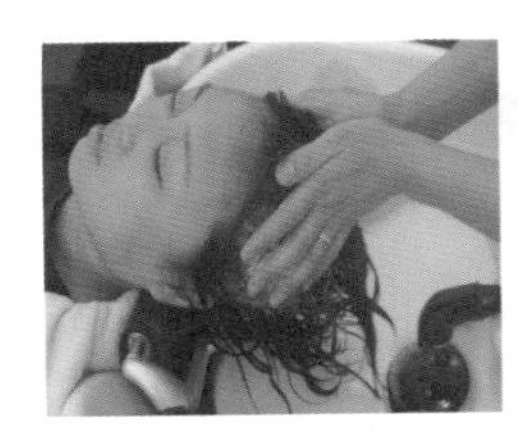

① 从前发际到头顶部头发上打沫

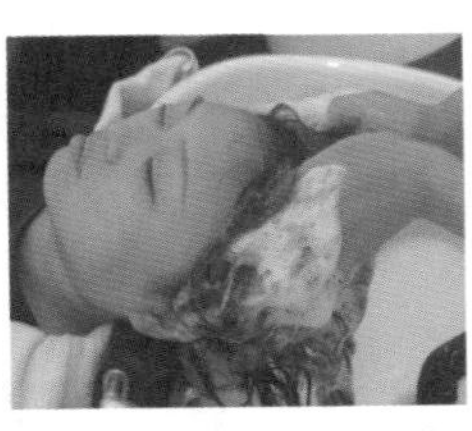

② 从头顶到耳后发打沫

▲ 图1-2-9

① 从前发际到头顶轻揉搓

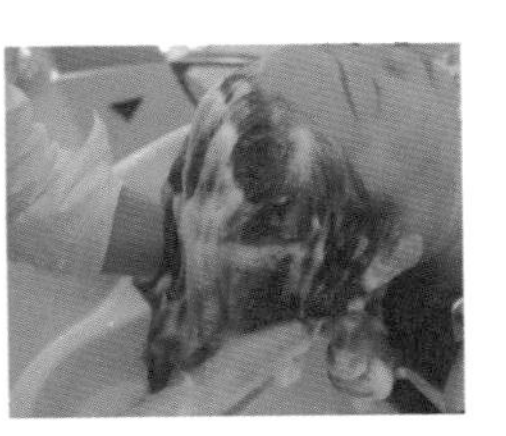

② 从头顶到脑后轻揉搓

▲ 图1-2-10

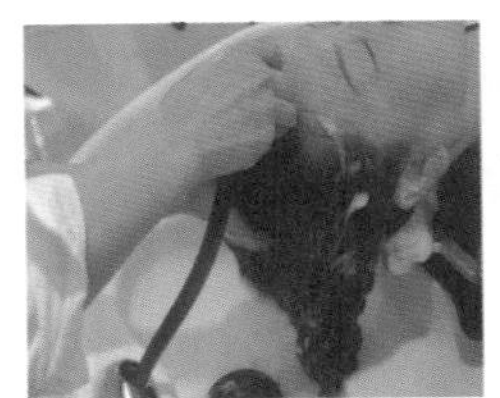

① 冲洗前发际

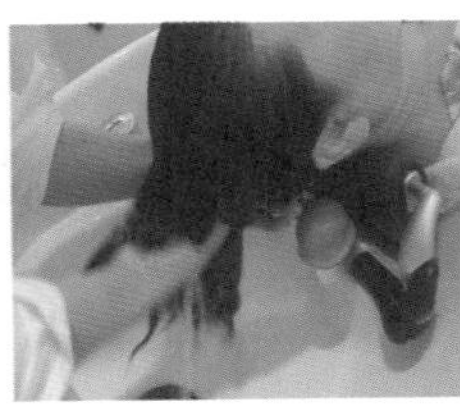

② 冲洗脑后和后发际

▲ 图1-2-11

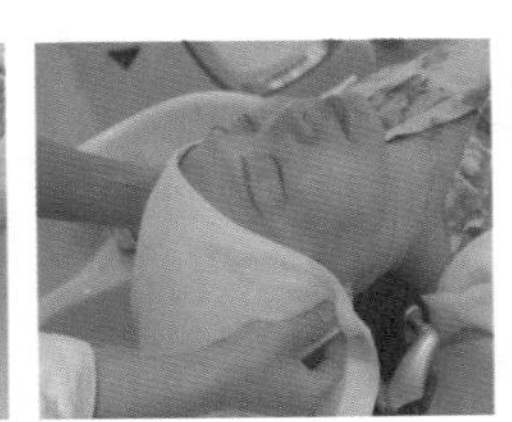

① 将干毛巾折边贴前发际边缘

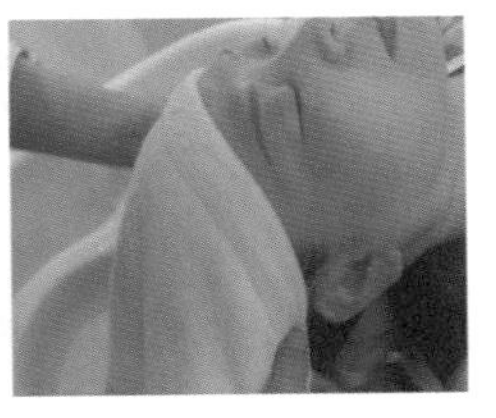

② 将干毛巾围绕发际线一圈包裹

▲ 图1-2-12

烫发后洗发演示

（2）烫发后洗发、护发

揉搓发根（图1-2-13）→冲洗头发（图1-2-14）→涂护发素（图

1-2-15）→冲洗头发（图1-2-16）→包发（图1-2-17）。

冲洗前双手将发根揉开

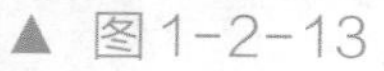

▲ 图1-2-13

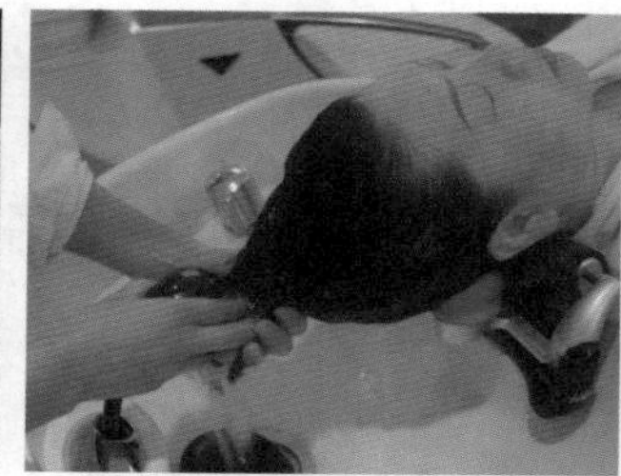

① 冲透发干和发尾

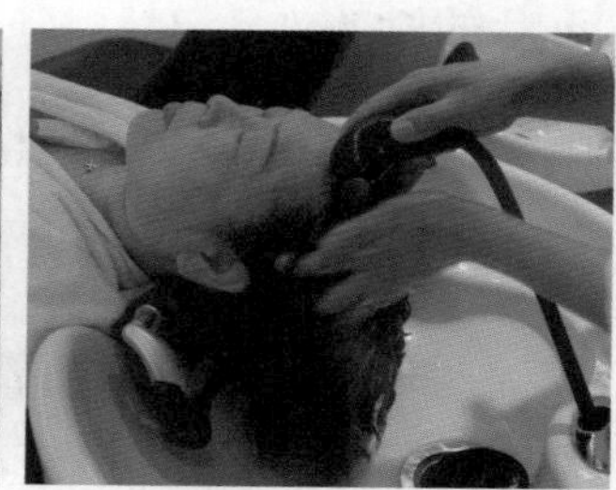

② 冲透发根和头皮

▲ 图1-2-14

① 将护发素置于手掌上

② 将护发素用手轻攥于发干和发尾上

▲ 图1-2-15

① 冲洗前发际

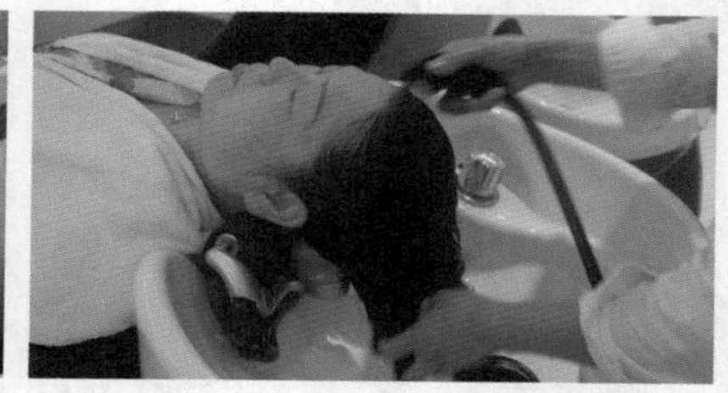

② 由发根到发干再到发尾冲净

▲ 图1-2-16

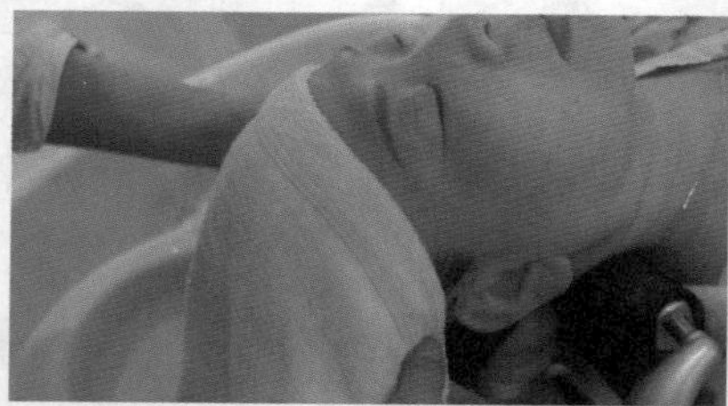

① 将干毛巾折边围在发际周围

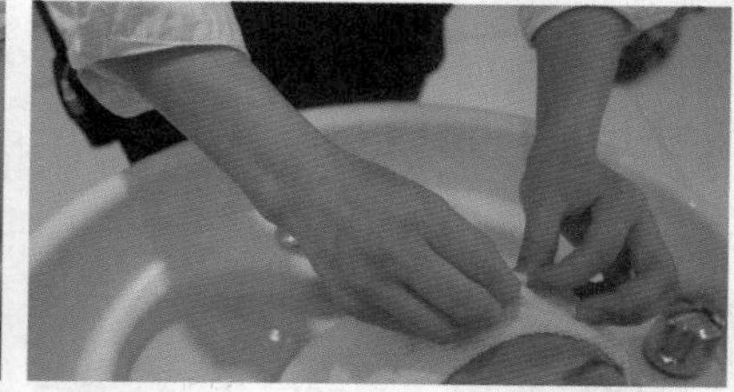

② 毛巾的一端藏入折边里并固定

▲ 图1-2-17

3. 烫发前、后洗发效果测评

烫发前、后洗发效果测评见表1-2-2。

表1-2-2

序号	检查内容	自查		顾客反馈		指导师评价	
		是	否	是	否	是	否
1	准备工作是否合格	□	□	□	□	□	□
2	判断发质是否正确	□	□	□	□	□	□
3	选择洗发水是否正确	□	□	□	□	□	□
4	操作动作是否规范	□	□	□	□	□	□
5	操作动作是否连贯	□	□	□	□	□	□
6	操作动作节奏是否均匀	□	□	□	□	□	□
7	洗发力度是否合适	□	□	□	□	□	□
8	冲水是否干净	□	□	□	□	□	□
9	顾客是否满意	□	□	□	□	□	□
10	收尾整理工作是否到位	□	□	□	□	□	□

4. 烫发前、后洗发结束

烫发任务结束，发型助理师引领顾客领取个人物品后和发型师一起将顾客送至店门口，目送顾客离开。发型助理师返回到工作场所，收好洗发毛巾、围布、客服、洗发护发品、工具等，整理相关的物品和环境卫生。

发型助理师：×女士，您在烫发过程中洗发的感觉舒服吗？

顾客：挺好的，头部轻松了好多。

发型助理师：如果您要想缓解头部疼痛，可以每周来店里，我帮您做做洗发和按摩，能帮助您有效地缓解疲劳，同时还可提高睡眠质量。

顾客：好的，记住了，谢谢提醒！

发型助理师：请问您对烫发洗发产品的使用体验如何？（记录）请问您今天对我的工作进行评价如何？

顾客：谢谢！很满意！我来给你写个意见吧。

发型助理师：非常感谢！欢迎您再来！您请慢起（帮顾客脱下客服并将其慢慢扶起），咱们去取包（把顾客引领到存包处，站在顾客身旁并协助顾客方便他拿东西）。请您检查一下您的随身物品，是否都带齐了（再引领顾客到收银台结账）。

顾客：好的，都带齐了，谢谢（到收银台）。

发型助理师：不客气！这是您的美发档案记录，麻烦您确认签字。

顾客：好的！谢谢！

发型助理师：不客气！这是我应该做的。我送您！请慢走！欢迎您下次光临！

顾客：谢谢！再见！

操作者提示

发型助理师与顾客交谈时，应保持微笑，自然正视顾客，从目光中流露出对顾客的欢迎和关切之意。

温馨小贴士

进行烫发后洗发时，由于头发上布满大量烫发药水，在冲洗时时间要长一些，并要将手指插入发丝抖动头发，冲洗干净每一个位置的头发。烫发后洗发一般不需再用洗发水，而是将头发冲洗干净后直接涂抹护发素，以免头发受损，所以烫发后洗发冲净头发很重要。

任务小结

烫发前、后的洗发是美发店烫发服务项目中的重要环节，洗发前的准备工作也十分重要，发型助理师应根据不同顾客的个人情况，认真按照规范的操作流程进行实际操作。

要运用正确的操作程序和手法，做好头发和头皮的清洁工作，掌握烫发前洗发、烫发后护发的工作流程和方法，能独立完成烫发洗发的服务，养成良好的工作习惯和认真的服务意识。

检测与练习

1. 知识检测

掌握以下知识点。

（1）头发的结构

（2）观察和判断发质的方法

（3）烫发分两步洗的作用

（4）烫发前、后洗发的方法

（5）洗发的方式

2. 技能训练检测

进行以下训练。

（1）烫发后洗发沟通话术训练

（2）烫发后洗发、护发操作训练

（3）肢体动作训练

（4）表情训练

（5）站姿训练

3. 观看本任务二维码视频，以小组为单位互动练习。并判断以下问题，进行小组竞赛。

（1）烫发前洗发要先将头发冲湿再涂洗发液。（　）

（2）烫发洗发要完成烫前洗发和烫后洗发两次洗发操作。（　）

（3）烫发洗发要用力揉搓，头发才能洗净。（　）

（4）烫发后洗发时要先用洗发液洗干净头发上的烫发药水，再上护发素。（　）

（5）洗发后包发，毛巾沿发际线直接将头发包起。（　）

任务三　染发洗发

案例3：王女士来到美发厅进行染发。发型师安排发型助理师为她进行染发。发型助理师运用专业的染发技法，顺利完成了染发任务。发型助理师通过与顾客进行恰当的沟通，完成选色、调配、涂抹、洗发到最后吹风造型。王女士满意而归。

学习目标

◎ 能根据顾客的发质和操作项目，为顾客选择适宜的染发洗发产品

◎ 能与顾客进行专业沟通

◎ 能根据任务要求，运用准确、规范的操作方法和服务流程，完成染发洗发任务

◎ 具备染发洗发的安全意识、服务意识、环保意识、成本意识和卫生意识

知识准备

1. 染发时需要染后洗发的原因

在美发专业店里，做染发项目的时候，是先给顾客进行染发操作，待完成后再进行洗发。因为人的头皮每天都在分泌油脂，这些油脂对头皮是有保护作用的。而染发剂对头皮有刺激性，可能会造成头皮过敏或头皮损伤，因此，染发前不要洗头发。如果已经洗发了，就要用电吹风将头发烘干之后再进行染发。在洗发时也一定要注意，不要抓挠头皮，以免造成头皮受伤。

2. 染发后头发的乳化

乳化是染发洗发前的重要步骤。染发后，可在冲水区先用少许温水湿润头发，用手指沾头发上的染发剂，在发际四周轻轻按摩头皮，用碱性去除碱性的原理，先乳化染发剂，充分融合沾在头皮上的染发剂和温水。当染发剂和水完全融合之后，再充分冲洗头发，将残留、多余的染发剂，彻底清洗干净。接下来使用染后专用的色素稳定剂，锁住色素粒子防止褪色，修护发质，让染过的秀发质感、光泽度与饱满度都更好。

3. 染发后洗发的步骤

（1）乳化

在头发上加少许的温水后，发型助理师戴着手套，轻揉顾客头发。注意：不要使

用太热的水，如果水温过高会加速碱性残留物的反应，从而损伤头发。建议水温在30~35 ℃比较适宜。

（2）冲洗头发

乳化后冲水，要先把发际周围冲洗干净，然后再冲洗头皮上的颜色，最后用较长的时间彻底洗净头发上的浮色，直至冲洗的水清澈。刚染过的头发，冲洗的水温以38~40 ℃为宜。水温过高会使头发受损，并且影响染色效果。

（3）施放洗发液

洗发液用量应适宜。不要将洗发液直接涂于头皮上清洗，要先用双手搓揉出泡沫再涂抹在头发上，直到泡沫足够用于全部头发的清洗。

（4）揉搓头发

揉搓时不要用手指甲直接接触头皮，要用指肚与头皮接触。这样就不容易伤及头皮和头发。染发洗发第一次揉搓时应先洗净头皮多余的颜色，再冲洗头发上的浮色，最后洗净头发，要充分打泡并轻揉发干和发尾。

（5）洗净头发

均匀涂抹了护发素之后，再直接用温水清洗全头。

染发后洗发注意事项：①乳化时要将发际线周围的颜色轻轻揉搓使之脱离皮肤；②要将头发和头皮上的浮色冲洗干净；③洗发时要轻揉头发；④洗发后要在发干和发尾涂抹护发素。⑤最后要将头发和头皮完全冲洗干净并吹干。

技能准备

1. 染发洗发中乳化技巧

另将少量的温水加入头发，两手戴手套轻揉搓头皮，如图1-3-1~图1-3-6所示。

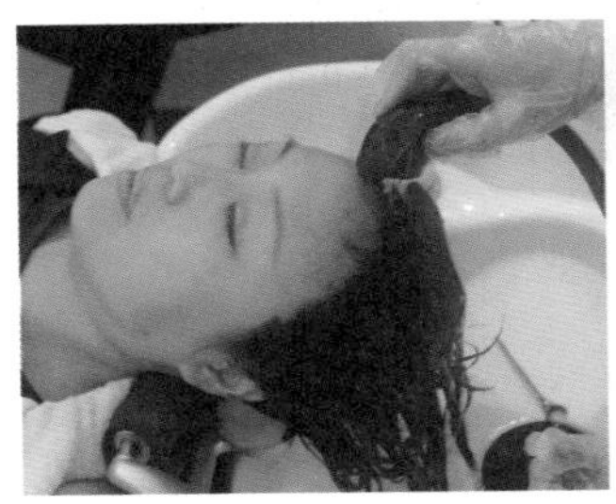

沿发际边用少量的水慢慢冲湿头发

▲ 图1-3-1

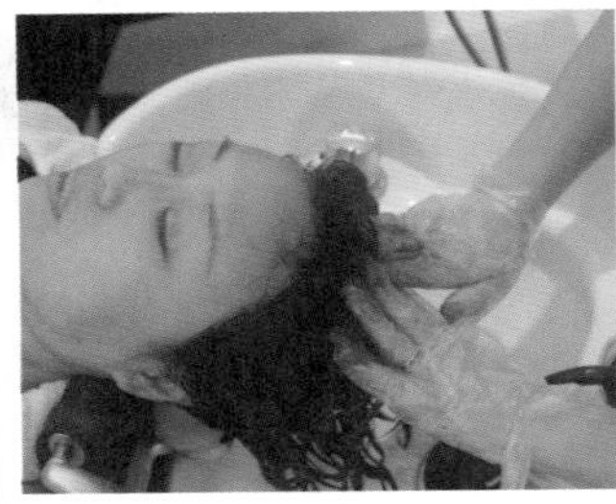

双手轻轻揉搓前发际头皮上染发剂

▲ 图1-3-2

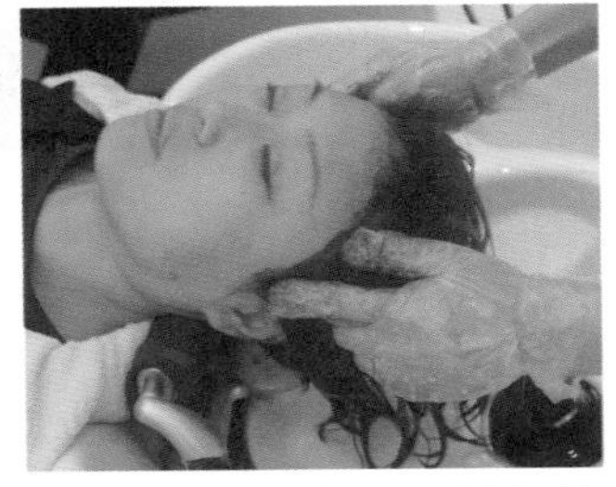

双手轻轻揉搓耳朵鬓角处的染发剂

▲ 图1-3-3

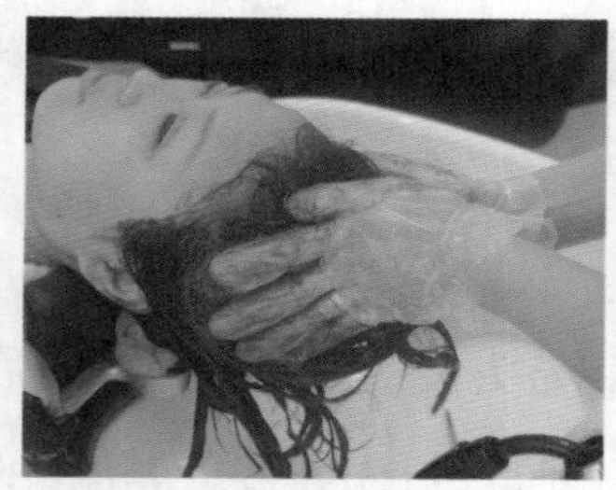

双手轻轻揉搓头顶的头皮上的染发剂

▲ 图1-3-4

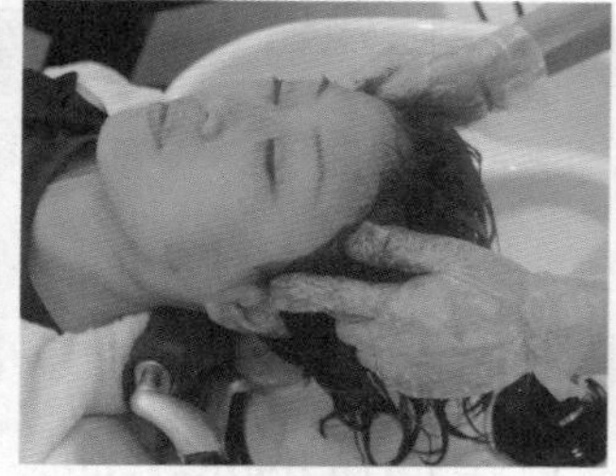

双手轻揉搓发尾上的浮色

▲ 图1-3-5

将发尾头发放在头上一起轻揉

▲ 图1-3-6

2. 染发洗发中的皮肤褪色技巧

用毛巾或棉签蘸去色剂，将皮肤上的染发剂擦干净，如图1-3-7~图1-3-10所示。

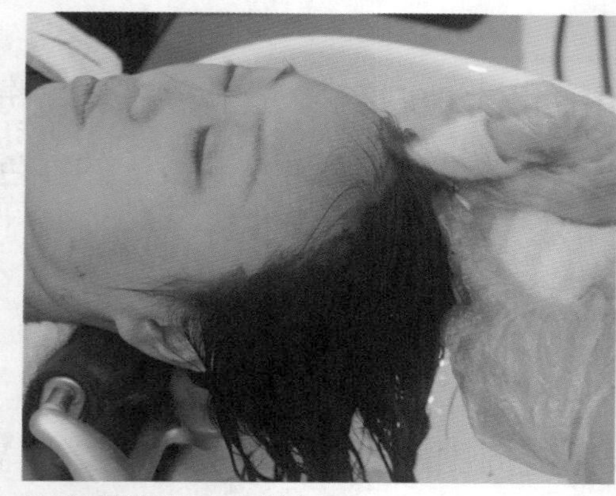

擦净前发际处染发剂

▲ 图1-3-7

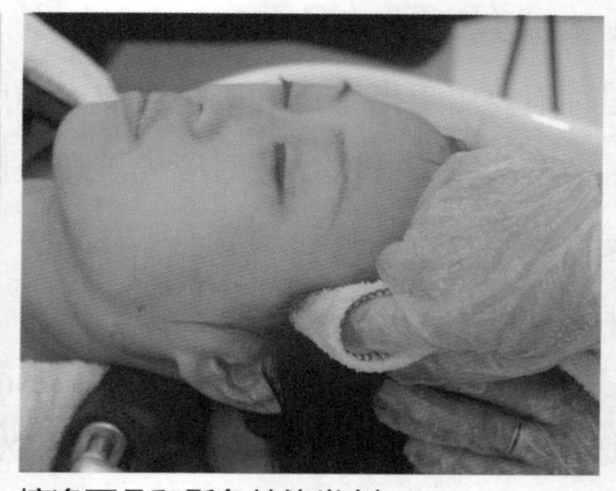

擦净耳朵和鬓角处染发剂

▲ 图1-3-8

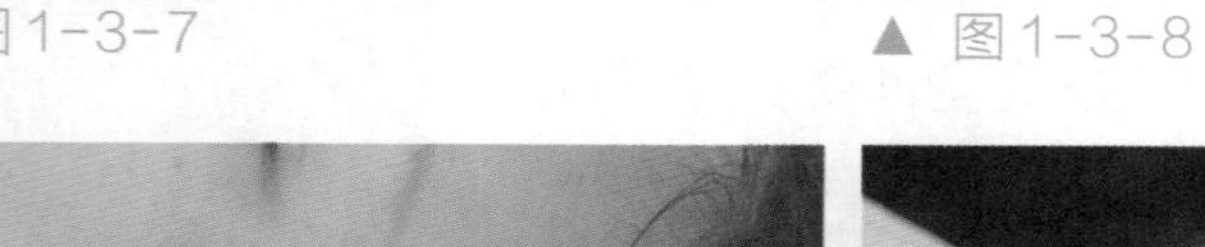

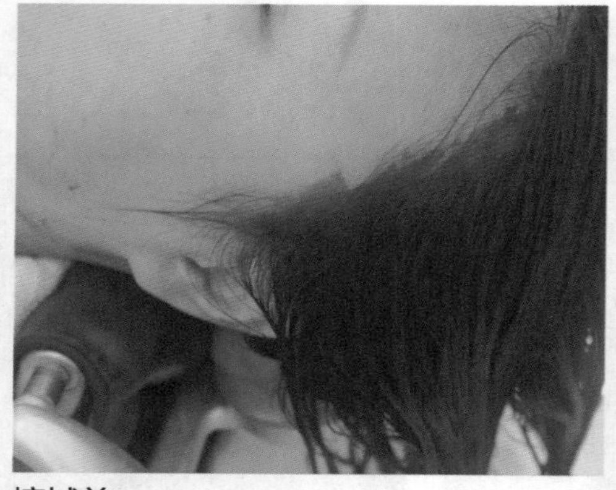

擦拭前

▲ 图1-3-9

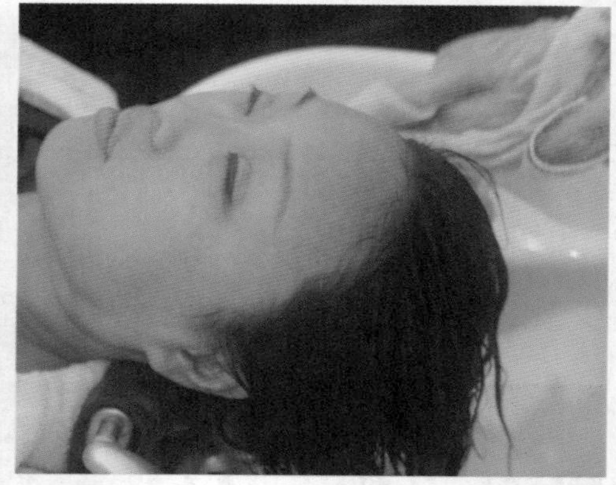

擦拭后

▲ 图1-3-10

任务实施

1. 接受任务准备染发洗发

染发洗发准备工作步骤见表1-3-1。

表1-3-1

序号	操作步骤	说明要求
1	环境准备	（1）按照卫生管理要求，搞好本岗周围的环境卫生 （2）清洗、消毒毛巾，洗、护发用品等摆放有序、方便使用 （3）空气流通、光线柔和、配备轻音乐，环境优雅、室温适宜
2	个人卫生准备	（1）按照发型助理师个人卫生要求，搞好个人卫生 （2）手、指甲、口腔、身体各部位及头发清洁，无异味
3	个人仪表准备	（1）穿合体、大方、整洁的工作服 （2）佩戴工牌 （3）发型美观、淡妆上岗
4	设备、设施检查	（1）清洁洗发池、水龙头、美发座椅、工作镜台、工具车等，摆放规范 （2）设备、设施完好无损
5	用品、用具检查	电吹风、梳子、毛巾、围布、镜子等干净整洁、完好无损、摆放规范
6	产品准备	（1）能根据顾客的发质，准备适合的洗发、护发产品 （2）一般可选择染发洗护产品或滋润洗护产品
7	接待语言和姿态	（1）灵活运用礼貌用语，语音清晰，语气委婉，语速适中 （2）站姿优美：挺胸、收腹、直腰、提臀、颈部挺直、目光平视、下颌微收，双脚呈丁字形或V字形站立，尽量做到挺、直、高
8	接待领位	（1）面带微笑 （2）手势方向准确

知识链接

水

（1）概念和作用

水是人体器官和体液的重要组成部分，也是细胞中含量最多的化合物。人体的许多生理活动一定要有水的参与才能进行。水是运输媒介，它可以将氧气和各种营养素直接或间接地带给人体各个组织器官，通过水人体将新陈代谢的废物和有害有毒的物质以大小便、出汗、呼吸等途径排出体外。水是人体的润滑剂，能使人体各种组织器官运动灵活。水还有调节人体酸碱平衡和调节体温的重要作用等。

（2）结合水和自由水

水的存在形式分结合水和自由水两种。结合水就是与细胞内其他物质（蛋白质、糖类和核酸）相结合的水。自由水就是以游离形式存在，可以自由流动的水。它们可以相互转化，自由水比例越大，细胞的新陈代谢越旺盛。结合水在细胞内与其他物质相结合，含量比较稳定，不易散失，一般吸附在大分子物质上，如淀粉、蛋白质和纤维素分子表面，约占细胞内全部水分的4.5%。自由水在细胞中的含量较高。自由水提供代谢的液态环境，完成体内的物质运输，有时本身也参与代谢反应，因而自由水能促使代谢正常进行。失去自由水，细胞仍保持活性，但代谢水平会降低。

（3）水的含量

不同的生物体内水的含量差别很大。生物体的含水量一般为60%~95%。生活在海洋中的水母的水含量约为97%。同一生物体不同生长发育阶段水的含量不同，总体来说幼儿时期大于成年时期。

无机盐组成细胞内复杂的化合物。例如血红蛋白含铁，甲状腺激素含碘。运输营养物质是自由水的功能，而维持细胞酸碱平衡是无机盐的功能。例如：频繁腹泻引起的严重脱水，同时会伴随无机盐的大量流失，以致体内的水盐和酸碱平衡失调。此时，就需要给人体输入生理盐水。

无机盐在体内的分布极不均匀。钙和磷绝大部分在骨和牙等硬组织中，铁集中在红细胞，碘集中在甲状腺，钡集中在脂肪组织，钴集中在造血器官，锌集中在肌肉组织。无机盐对组织和细胞的结构很重要，硬组织如骨骼和牙齿，大部分是由钙、磷和镁组成，而软组织含钾较多。体液中的无机盐离子调节细胞膜的通透性，维持正常渗透压和酸碱平衡，帮助运输普通元素到全身，参与神经活动和肌肉收缩等。由于新陈代谢，每天都有一定数量的无机盐通过各种途径排出体外，因而必须通过膳食予以补充。无机盐的代谢可以通过分析血液、头发、尿液或组织中的浓度来判断。在人体内无机盐的作用相互关联。在合适的浓度范围有益于人体的健康。无机盐缺乏或过多都能致病，同时疾病也会影响无机盐的代谢。

食盐的妙用

食盐是人体不可或缺的物质。食盐的组成部分钠离子和氯离子几乎参与人体的所有活动，钠离子为人体神经细胞传递信息，氯离子能在人体流泪流汗时起到抗菌作用。摄入食盐过多，对人体会造成危害，会引发高血压，并对心、脑、肾等主要脏器造成损害。

如果人体出汗较多，人体内部钠离子大量流失，产生低钠血症。这就需要及时补充钠和钾，常用的方法是多饮用淡盐水。但是，许多人都是在大量出汗之后，甚至身体出现疲乏无力、口干、眩晕、肌肉疼痛、手足麻木等症状时，才补充淡盐水。这种被动补钠，体内新陈代谢慢，肾脏负担重，往往起不到应有的作用。在大运动量之间主动喝些淡盐开水，保证出汗后体内钠含量仍基本符合要求，就可以维护细胞的正常代谢，稳定细胞内外渗透压，调节体内酸碱平衡。除此之外，早晨饮杯淡盐水可以起到稀释血液、增加血流量、预防脑血栓和动脉硬化的功效。晨饮淡盐水也是预防习惯性便秘及养生保健的好方法。

2. 染发洗发操作步骤

头发乳化过程（图1-3-11）→冲洗头发（图1-3-12）→褪色（图1-3-13）→打泡沫（图1-3-14）→揉搓头发（图1-3-15）→冲洗头发（图1-3-16）→涂护发素（图1-3-17）→包裹头发（图1-3-18）。

染发洗发操作步骤演示

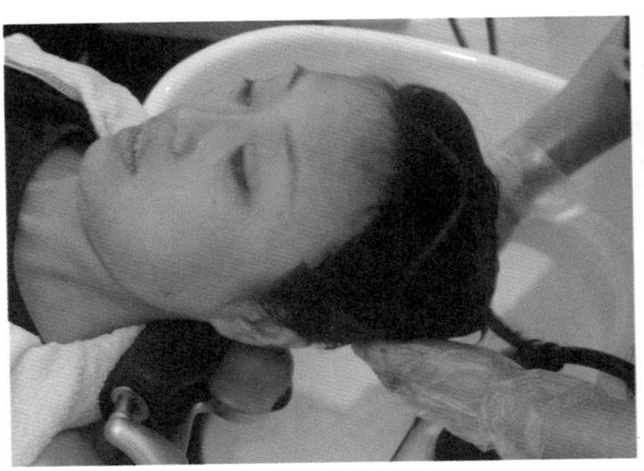
① 加少量的水使头发有湿度

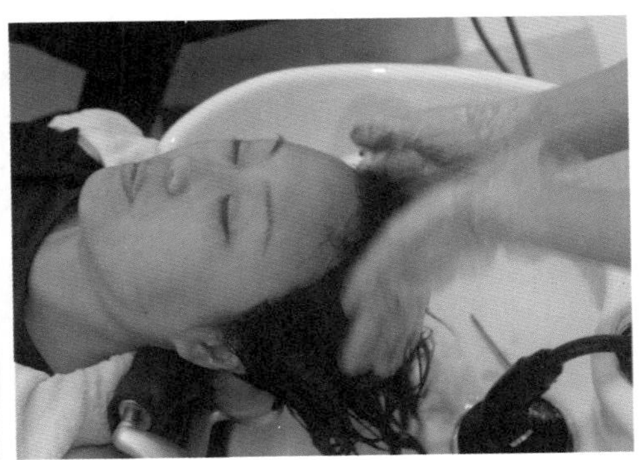
② 从前发际开始揉搓头皮和头发

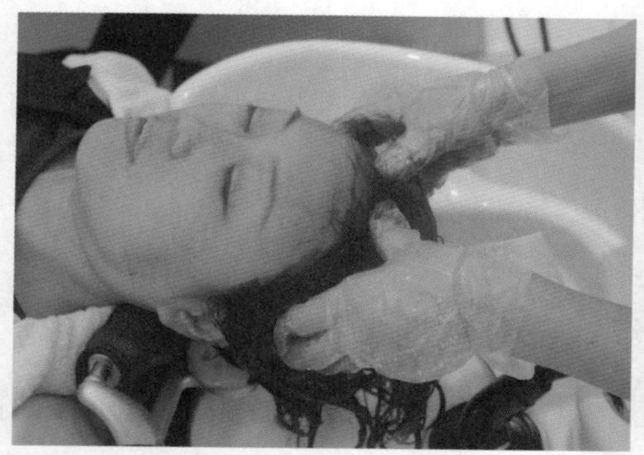

③ 从前发际到头顶进行乳化操作

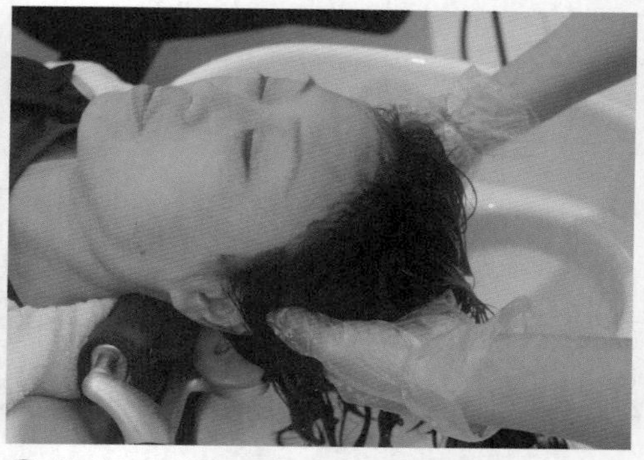

④ 从头顶到脑后发进行乳化操作

▲ 图 1-3-11

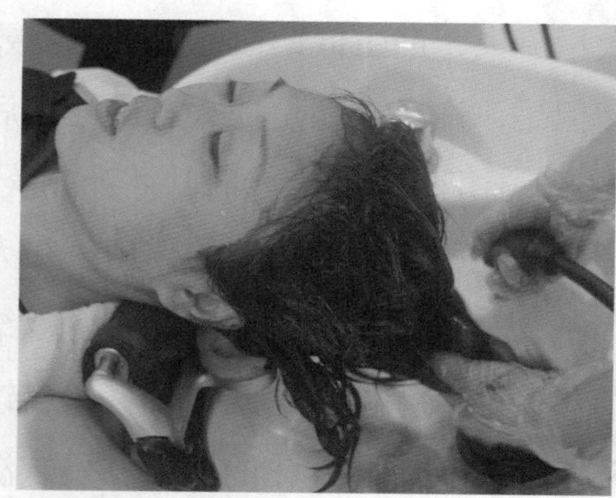

① 冲掉头发上的浮色

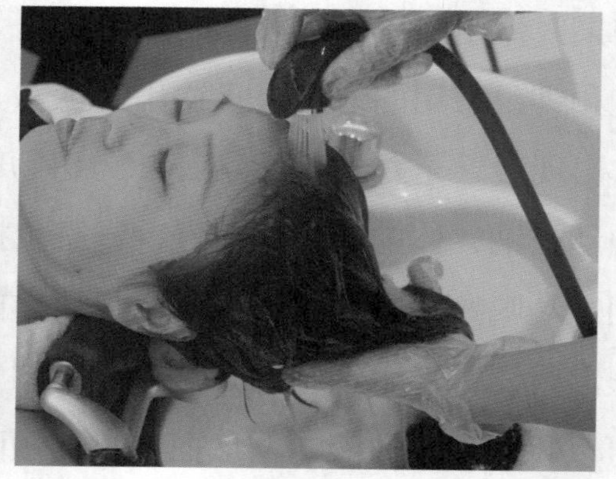

② 冲掉头皮上的浮色

③ 冲洗脑后和后发际的浮色

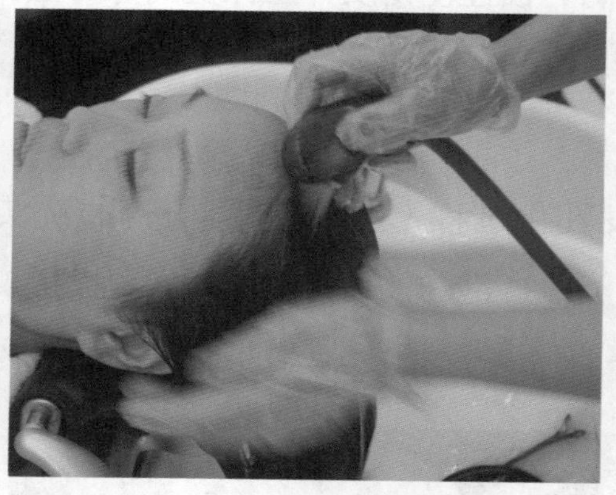

④ 将全头的头发从前到后冲净

▲ 图 1-3-12

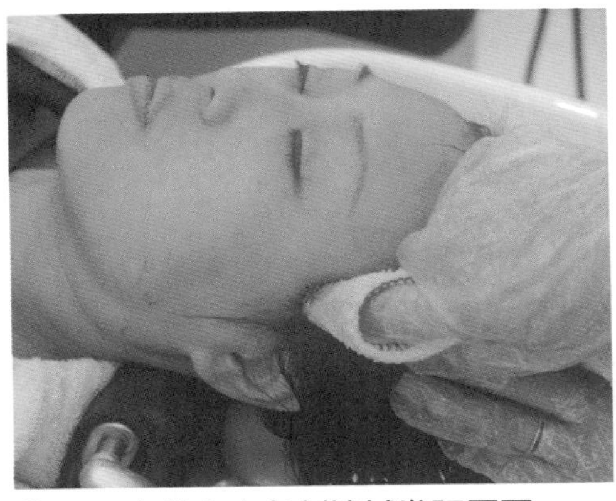

① 用毛巾蘸上去色剂擦拭发际周围

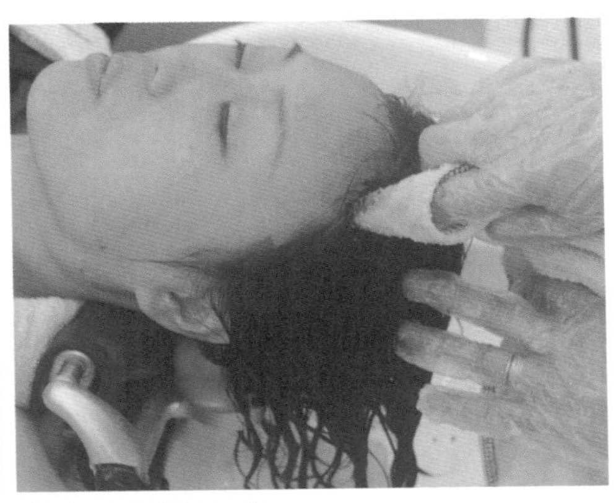

② 左右打圈擦拭

▲ 图 1-3-13

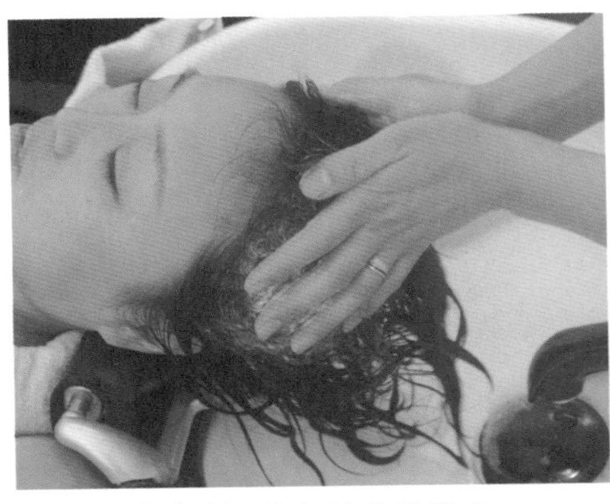

① 双手将洗发液均匀涂在头发上

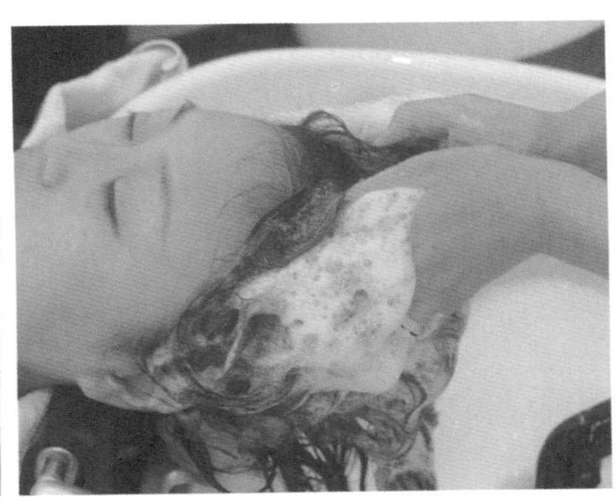

② 打出丰富的泡沫

▲ 图 1-3-14

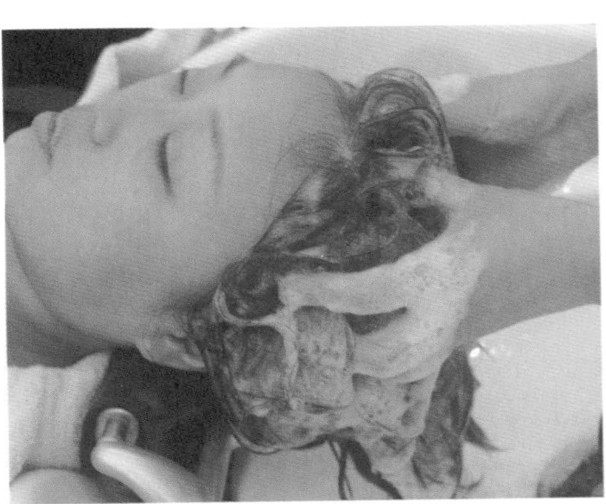

① 从前往后用指肚揉搓头皮

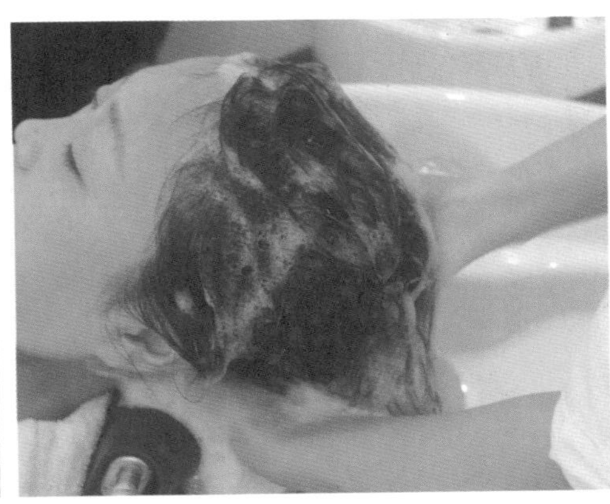

② 后面发际处一手托起头部另一手揉搓头皮和发根

▲ 图 1-3-15

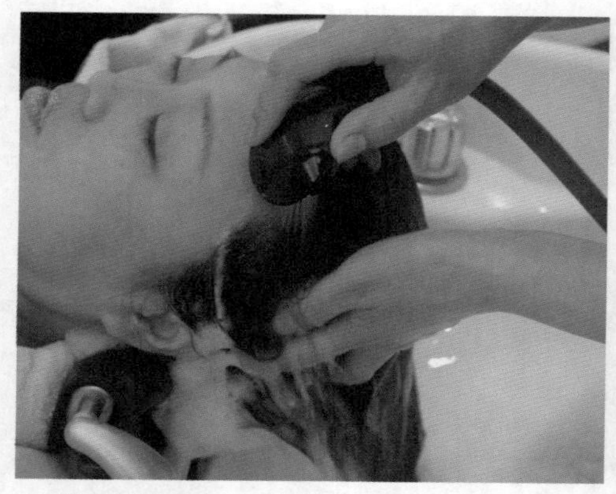
① 将手指插入头发中冲洗发根、发干

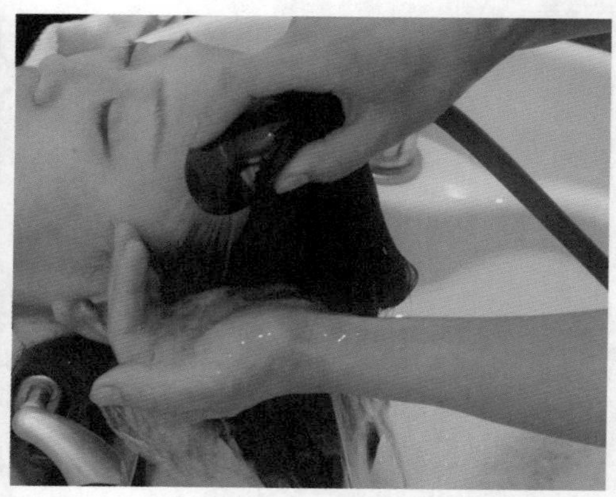
② 从前发际冲到后发际，冲净全部头发

▲ 图1-3-16

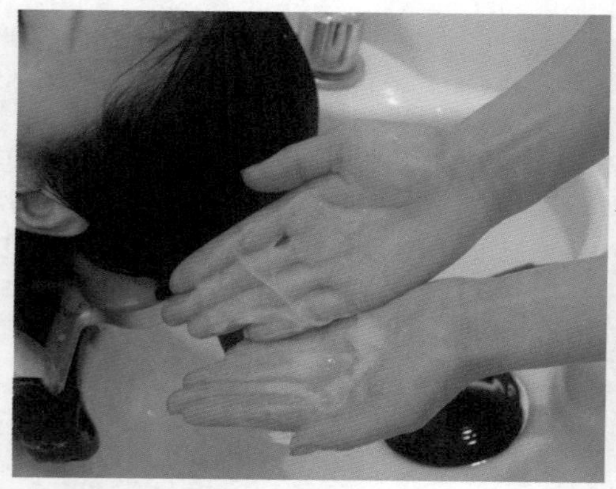
① 双手抹上护发素

② 均匀涂抹在发干和发尾处

▲ 图1-3-17

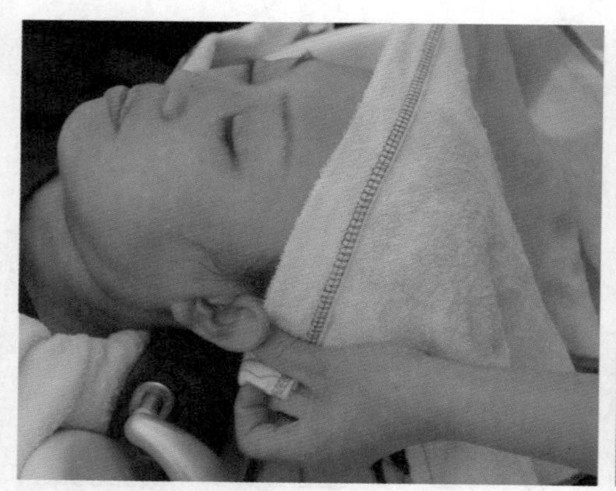
① 将干毛巾折边围在发际线处

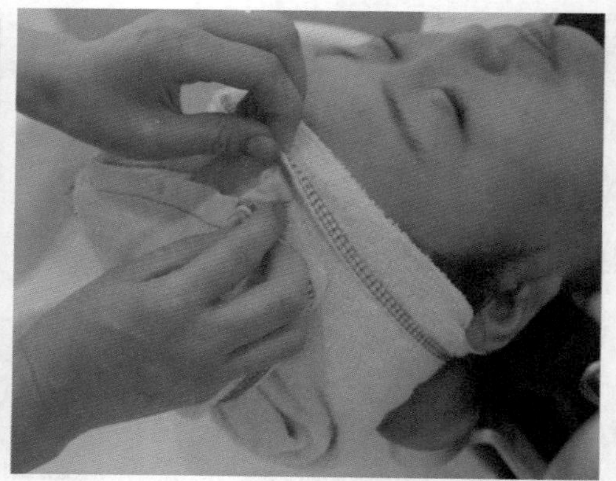
② 后面的毛巾向上折藏于折边内包裹住头发

▲ 图1-3-18

3. 染发洗发效果测评

染发洗发效果测评见表1-3-2。

表1-3-2

序号	检查内容	自查		顾客反馈		指导师评价	
		是	否	是	否	是	否
1	准备工作是否合格	□	□	□	□	□	□
2	判断发质是否正确	□	□	□	□	□	□
3	选择洗发水是否正确	□	□	□	□	□	□
4	乳化是否到位	□	□	□	□	□	□
5	浮色是否完全洗净	□	□	□	□	□	□
6	全头是否彻底冲净	□	□	□	□	□	□
7	洗发力度是否合适	□	□	□	□	□	□
8	皮肤边缘是否清理干净	□	□	□	□	□	□
9	收尾整理工作是否到位	□	□	□	□	□	□

4. 染发洗发结束

染发任务结束，发型助理师陪同顾客领取个人物品后和发型师一起将顾客送至店门口，目送顾客离开。接着发型助理师返回到工作场所，收好洗发毛巾、围布、客服、洗发护发品、工具等，整理相关的物品和环境卫生。

情境再现

发型助理师：× 女士，您在染发过程中洗发操作感觉舒服吗？

顾客：挺好的，头部轻松了好多。

发型助理师：建议您染发后第一次洗发时来店里洗发，这样能更好地保护您头发的颜色。

顾客：好的，记住了，谢谢提醒。

发型助理师：请问您对烫发洗发产品的使用体验如何？（记录）请您今天对我的工作进行评价。

顾客：谢谢！很满意！我来给你写意见。

发型助理师：非常感谢！欢迎您再来！您请慢起（帮顾客脱下客服并将其慢慢扶起），我带您取包（把顾客引领到存包处，站在顾客身旁并帮忙拿东西）。您检查一下您的随身物品，手机、手表、钥匙、首饰，您都看一下，是否都带齐了（引领顾客到收银台结账）。

顾客：看好了，都带齐了，谢谢（到收银台）。

发型助理师：不客气！这是您的档案记录，请您签字确认。

顾客：好的！谢谢！

发型助理师：不客气！这是我应该做的。请慢走！

顾客：谢谢！再见！

发型助理师：不客气！再见！欢迎下次光临！

操作者提示

发型助理师与顾客交谈时，应保持微笑，自然正视顾客，从目光中流露出对顾客的欢迎和关切之意。

温馨小贴士

一般来说，在染发后的三天内最好不要洗头。染发后洗头太早或者是次数过多会导致褪色。另外，染发之后的第一次洗发要注意洗发后一定把头发完全擦干，以免洗发时的浮色污染衣服。为了避免这个问题，可用电吹风把头发吹干。

任务小结

染发洗发是美发店里染发项目中的重要环节。它不仅将头发上的污垢、油脂洗干净，还可以把染发后浮在头发表面的染发剂洗干净，把头皮洗干净。发型助理师应根据不同顾客的个体情况，认真按照规范的操作流程进行实际操作。学会正确的操作手法，能进行染发后的头发和头皮的清洁操作，掌握染发后洗发的工作流程、准备工作的相关内容，能独立完成染发洗发的服务，养成良好的工作习惯和认真、细致的服务意识。

检测与练习

1. 知识检测

掌握以下知识点。

（1）染后洗发的原因

（2）染发后乳化的作用

（3）染发后洗发的操作步骤

（4）结合水和自由水

（5）水的功能

2. 技能训练检测

进行以下训练。

（1）染发后洗发沟通话术训练

（2）染发后洗发、护发操作训练

（3）肢体动作训练

（4）表情训练

（5）站姿训练

3. 观看本任务二维码视频，以小组为单位互动练习，并回答以下问题，进行小组竞赛。

（1）染发洗发中乳化的作用是什么？

（2）染发洗发的操作步骤是什么？

（3）染发洗发的注意事项有哪些？

项目二
头发保养

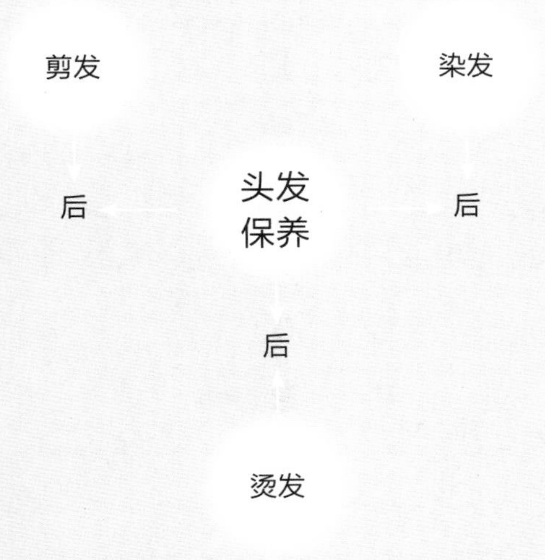

剪发

染发

后

头发保养

后

后

烫发

一头靓丽的秀发能体现个性。为了追求更靓丽动人的造型，人们总是花很多时间在烫发、染发上。然而，如果忽视了对头发的正确护理和保养，头发容易变得枯燥暗黄、分叉折损、甚至脱落。要想保护好头发，使它乌黑靓丽，应该在了解头发的发质、护发产品性能的基础上，正确保养和护理头发，避免发质受损。

专业的护发知识和技能能帮助顾客养护秀发。本项目主要内容，包括：剪、吹发后的头发保养，烫发后的头发保养和染发后的头发保养三项任务。

项目目标

◎ 了解头发养护的作用

◎ 熟悉常见护发用品的性能及效果

◎ 能够正确识别发质，并根据不同的发质选择相应的护发产品

◎ 能够进行正确的护发操作

◎ 具备责任意识、安全意识、节约意识和环保意识

工作流程和要求

护发工作流程和要求

序号	流程	内容要求
1	准备	（1）接受护发任务，接待顾客到位，与顾客沟通恰当、适时，符合接待标准 （2）能根据美发操作项目分析顾客发质，并为其选择适合的护发产品 （3）镜台、座椅、工具和用品摆放易于操作，符合卫生标准
2	操作	（1）接待 （2）梳顺头发 （3）选择适宜、适量的护发产品 （4）护发操作姿势正确 （5）护发动作规范、准确、协调、完整、到位 （6）冲洗干净 （7）吹风造型，手法正确
3	效果	（1）头发光顺、通透、易于梳理，纹理清晰、有弹性 （2）发式有型，符合审美要求 （3）服务规范、热情、到位，顾客满意
4	结束	（1）工作环境整洁 （2）镜台、座椅、工具、用品归位，摆放整齐 （3）礼貌送客

操作流程

准备（知识、环境、用品、技能）→操作（接待表述、肢体语言、技能动作）→效果（顾客舒适、发型美观）→结束（顾客满意、结束语、送客、整理工作区）。

任务一　剪、吹发保养

案例4：一天，一位长直发的年轻女性，来到美发厅，希望把头发修剪一下，然后再做做头发护理。发型师与她沟通后发现，顾客平时不经常烫发和染发，但喜欢游泳。由于经常游泳，顾客发质已有些损伤，需要对头发进行保养。发型师和发型助理师运用专业的护发知识和方法，为顾客进行发式修剪后的洗发、头发护理及吹风造型服务工作，使顾客满意而归（图2-1-1）。

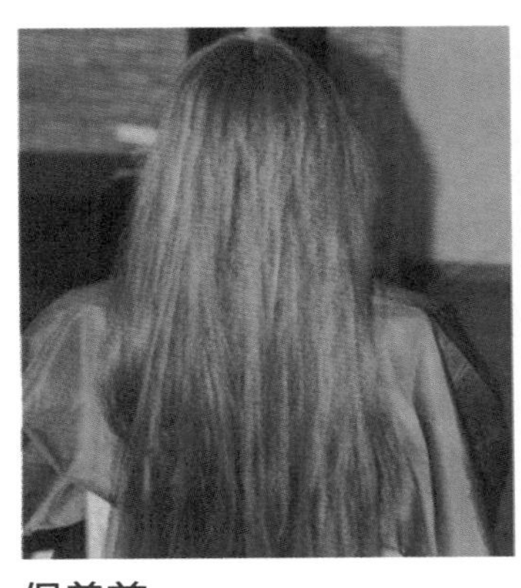

保养前　　保养后

▲ 图2-1-1

学习目标

◎ 能根据顾客的发质情况，为其选择适宜的护发产品

◎ 能与顾客进行关于养护头发的简单沟通

◎ 能运用准确、规范的护发操作方法和服务流程，完成剪吹发的护发任务

◎ 具备护发操作的服务意识、成本意识、安全意识和卫生意识

知识准备

1. 头发护理的作用

头发护理一般分为日常护理（基础护理）和专业护理（深度护理）两种。日常护理主要是人们在日常生活中借助家用护发产品对头发进行的自行保养护理。专业护理是指在专业美发师的帮助下，借助专业护发仪器配合适当的专业护发产品对头发进行的深度护理。通过头发护理，护发品中营养成分经过头发的表皮层被吸收，头发强韧，发丝柔顺、有弹性，具体作用如下。

（1）补充营养、滋润头发的作用

头发受损伤后，缺少水分和油脂。护发产品中的主要成分是多种营养调理剂，如羊毛脂、保湿剂和植物油等。通过热蒸气，可以使头发表层的毛鳞片张开并吸收护发产品中的营养成分，达到补充头发水分、增加油脂和蛋白质等的作用。

（2）保护作用

头发保养最好以日常护理为主，经常使用护发产品，可以在头发表面形成一层保护膜，减少不必要的头发受损。如果头发出现轻微受损时，要定期到美发店进行专业护理，保持头发的健康和活力。

（3）修复作用

当头发严重受损时，通过专业的仪器配合相应的产品进行养护，可以使受损的头发得到改善。护发产品在专业的头发养护仪器的作用下，能修复头发受损的毛鳞片，增强头发抗静电、抗紫外线的能力，使头发恢复生机。

2. 头发护理产品的种类及用途

表皮层就像头发的皮肤，覆盖在头发的最外面，由6~12片毛鳞片重叠排列而成。皮质层占据发干的80%，其中主要成分是角蛋白纤维、水分、色素颗粒等。当毛鳞片遇到碱性物质或水蒸气就会张开，如洗发、烫发、染发时，这时头发里面的水分、营养物质容易流失。若毛鳞片长期张开，就应及时对头发进行保养。

头发护理的产品大致有如下几种。

（1）护发素

护发素呈弱酸性，当头发使用含碱性洗发液清洗后，需用护发素中的酸性物质来中和残留在头发中的碱性物质。从而帮助表面毛鳞片闭合，使发质顺滑。

（2）发膜

发膜的护发效果比护发素要更明显，能作用到头发更深层。发膜可将多层毛鳞片闭合，使头发保持更长时间的顺滑、有光泽。发膜中含有修护受损发质的有效成分，适用于受损发质的保养，能够有效地为头发补充流失的蛋白质。发膜中含有的有效物质能渗透毛鳞片进入头发皮质层中，帮助修复纤维组织，尤其适合干枯和受损发质。虽然发膜见效比较慢，需要坚持使用两三个月才可见效，但是它的效果更为稳定，能从根本上改变发质。不同发质有相应的发膜产品可供选择。

（3）护理液或精华素

护理液或精华素可称为头发的“强心剂”。它们不仅可以闭合头发表面的毛鳞片，还能修复鳞片之间因受损而缺失的胶状物。使用这类物品后，鳞片闭合更紧密，能将头发里的色素、水分、蛋白质等牢牢锁住。对于严重受损的发质，护理液或精华素是最佳的选择。

（4）免洗护发品

发乳为免冲洗护发品，呈弱酸性。在干燥的头发上抹些免洗护发品，能快速有效地防止头发产生静电和改善头发暗灰无光的现象。

3. 护发素的特点和功能

护发素一般与洗发液配套使用。洗发后将适量护发素均匀涂抹在头发上，轻揉三分钟左右，再用清水冲洗干净，此种护发素称为冲洗护发品。护发素中含有阳离子物质，用以中和头发的阴离子，并在发干后形成均匀防护膜，具有保护头发内部组织，增强头发光泽和韧性，以及抗静电等功能。常用护发素可使头发柔软、光洁、易梳。护发素可分为乳状剂（如护发乳、护发膏）、液状剂（如浓液护发素、透明液护发素）和泡乳剂（如发泡剂护发素）。按护发素的功能，护发素又可分为中性发质用、油性发质用、干性发质用及烫发前用、烫发后用、染发前用、染发后用、干发中用等。

大部分人洗发后都知道要用护发素，可通常是才抹完护发素后等不及一分钟，就匆匆冲洗掉了。这样的话，护发素无法完全发挥应有的功效。所以，护发素应该在头发上停留至少三分钟，才能真正起到滋养的效果。

不同发质的护发素的选择和使用见表2-1-1。

表2-1-1

序号	发质	护发素的选择和使用
1	中性发质	选择适合中性发质的护发素。使用后应用接近头皮温度的清水，彻底清洁
2	干性发质	毛鳞片容易受损，头发易缺水、缺油，严重的还可能发黄、分叉，脆弱易断。因此，应选择具有保湿滋润作用的护发素
3	油性发质	应选择控油清爽型护发素。帮助油性发质长时间保持干爽和舒适
4	受损发质	受损发质的头发大多养分流失，要修复丧失弹性、易断等问题。应选择富含营养成分的护发素，必要的话，也可每天使用免洗护发素

4. 剪、吹头发护理的方法

在日常生活中，有些人即使不烫发，不染发，仅仅剪发、吹风，但如果养护不当，特别是经常吹风、游泳、日光浴、海水浴等。游泳池中的氯、海水中的盐，都会使头发的水分蒸发、头发变得干枯。头发也会受损。所以，剪、吹发的头发护理也要适当。

作为给头发补充营养的重要来源，护发用品的营养越充足越好。但是同一种品牌的护发用品，在成分、配方上往往比较固定、单一。所以，在使用护发产品时，可以根据顾客发质的变化，适当更换。

在涂抹护发产品时，应抹在头发的中部和发梢部位，而非紧贴头皮的发根部。应用梳子充分梳理头发，使护发素均匀平滑地分布；如果是瞬间型护发素，那么在使用之前，先用毛巾吸干洗净后的头发上的水分，头发里水分太多时，护发素不能有效被吸收。油性发质使用护发素产品时，一定要注意用量。使用过多，反而会滋生头皮屑。使用时，只要涂抹在较为干燥的发梢处即可，头皮部分尽量不使用护发素。

技能准备

1. 护发时的站位与姿势

剪发后的头发保养，大多是在洗发后直接涂抹护发素，达到基础保养作用。因此，发型助理师可以直接站在洗发的水池前为顾客进行护发操作；如果顾客发质受损需要做深层护理，则需要请顾客坐在美发椅上，美发助理则站立一旁为顾客进行护发操作，如图2-1-2所示。

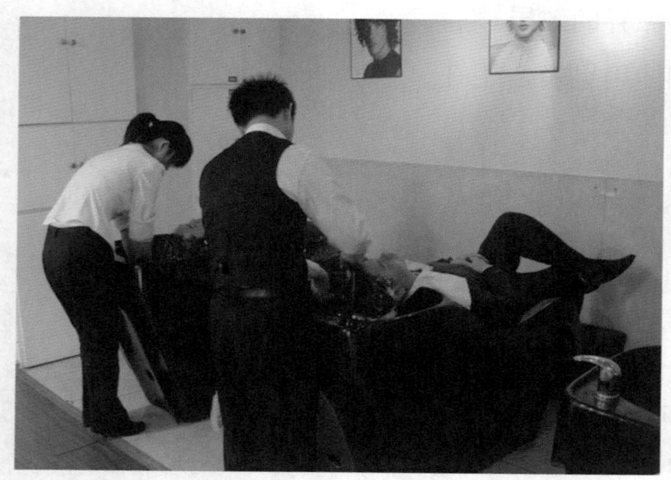

▲ 图2-1-2

2. 护发的手法与技巧

取适量的护发素，均匀地涂抹在头发上，用手指对头发进行打圈按摩，以利于头发更好地吸收护发素中的营养（图2-1-3）。

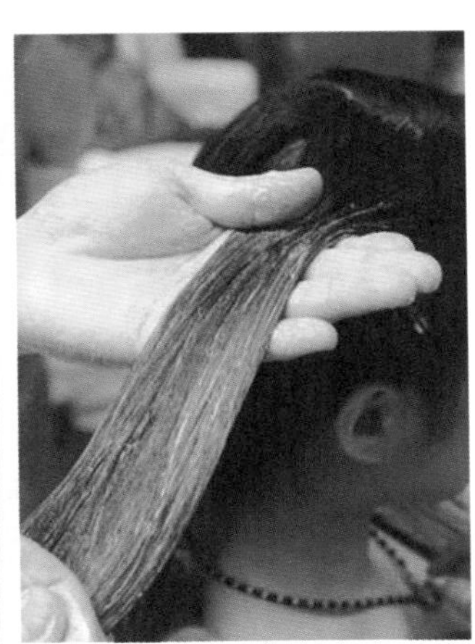

▲ 图2-1-3

任务实施

1. 接受任务准备护发

护发准备工作步骤见表2-1-2。

表2-1-2

序号	操作步骤	说明要求
1	环境准备	（1）按照卫生管理要求，本岗周围的环境干净、整洁 （2）上下水设施、设备畅通、完好，冷、热混合软化水水压稳定，水量适中 （3）清洗、消毒毛巾，洗、护发用品齐全且摆放有序、方便使用； （4）配备轻音乐、空气流通、光线柔和、环境优雅、室温适宜
2	个人卫生准备	（1）按照发型助理师的个人卫生要求，搞好个人卫生 （2）手、指甲、口腔、身体各部位及头皮清洁，无异味
3	个人仪表准备	（1）穿着合体、大方、整洁的工作服 （2）佩戴工牌 （3）发型美观、清洁，淡妆上岗
4	设备、设施检查	（1）洗发池、水龙头、美发座椅、工作镜台、工具车，摆放规范 （2）设施、设备完好无损
5	用品、用具检查	电吹风、梳子、毛巾、围布、镜子等干净整洁、完好无损
6	产品准备	根据顾客发质的需要，准备适合的护理产品

续表

序号	操作步骤	说明要求
7	接待语言和姿态	（1）灵活运用礼貌用语，语音清晰，语气委婉，语速适中 （2）站姿优美：挺胸、收腹、直腰、提臀、颈部挺直、目光平视，下颌微收，双脚呈丁字形或V字形站立，尽量做到挺、直、高 （3）步态优雅：行走时，头正、身直，步子适中，双脚基本走在一条直线上，步伐平稳
8	接待领位	（1）面带微笑 （2）手势方向准确
工作提示要点		（1）工作态度积极 （2）操作动作准确 （3）不用指甲猛抓头皮 （4）洗发水温不宜过高 （5）产品不沾到顾客脸部、颈部、耳部及衣领 （6）洗发和护发动作要轻，头发打结时不要太用力拉扯 （7）操作姿态正确 （8）操作要有节奏

知识链接

护发素的成分

护发素主要由表面活性剂、辅助表面活性剂、阳离子调理剂、增脂剂、防腐剂、色素、香精及其他活性成分组成。其中，表面活性剂主要起乳化、抗静电、抑菌作用；辅助表面活性剂可以辅助乳化；阳离子调理剂可对头发起到柔软、抗静电、保湿和调理作用；增脂剂如羊毛脂、橄榄油等可改善头发营养状况，使头发光亮、易梳理；其他活性成分如ZPT水解蛋白、植物萃取物等赋予护发素不同的功能。常见的其他活性成分还有以下几种。

① ZPT：有去除头皮屑的功效。

② 维生素：可减少掉发，增加毛发根毛囊的紧密度。

③ 竹叶萃取物：抗炎、镇定头皮皮肤。

④ 当归萃取物：抗过敏、镇定头皮皮肤。

⑤ 绿茶萃取物：抗氧化、抗过敏、抗炎，还能消除异味。

⑥ 杜松萃取物：去除头皮屑，消除真菌。

⑦ 木糖醇和乳糖酸：保湿、平衡油脂分泌。

⑧ 水解蛋白：针对干性和受损发质，能增加头发的光泽度和滋润度，强化头发

结构，修护头发的角质层。

⑨ 小麦氨基酸和核果氨基酸：能深层渗透到发干，保护毛鳞片，提升头发的光泽度。

⑩ 橄榄油萃取物：能增加头发的保湿度，让头发健康有弹性。

⑪ 蜂蜜：能增加头发的强韧度与强健度。

温馨小贴士

负离子电吹风的作用

① 负离子可以帮助闭合毛鳞片，使得头发更亮丽。

② 锁住头发内部水分，使得头发更具光泽。

③ 有效预防静电的产生。

2. 剪、吹发保养操作步骤

（1）洗发前准备（图2-1-4）

为顾客穿好客服进行洗发准备。洗发前先用宽齿梳子将头发梳顺。由发尾开始，先将尾端易打结的部分梳开，再依次从发根往发尾方向梳顺。使用洗发产品前，先用温水冲湿头发，让头发和头皮充分湿润，令头发更容易清洁。

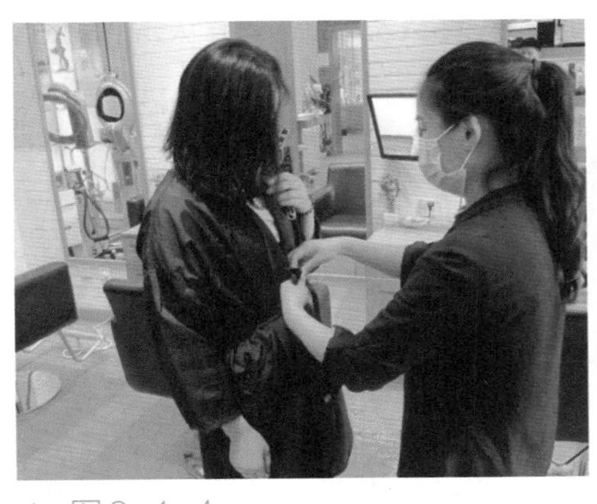

▲ 图2-1-4

（2）洗发（图2-1-5）

将洗发产品倒在掌心揉开后均匀涂抹到头发上，再加入适量的温水，揉搓至产生丰富的泡沫。轻轻按摩头皮，再用指肚按摩全部发干和发尾，待全部揉搓完毕后用清水冲洗干净。

（3）护发（图2-1-6）

将护发产品倒在掌心，均匀地涂抹在头发上。首先从发梢开始用手指夹住头发轻轻按摩均匀，然后再慢慢涂抹至整个发干。按摩后不要立即冲洗，让护发产品稍微停留一段时间，护发效果会更好。

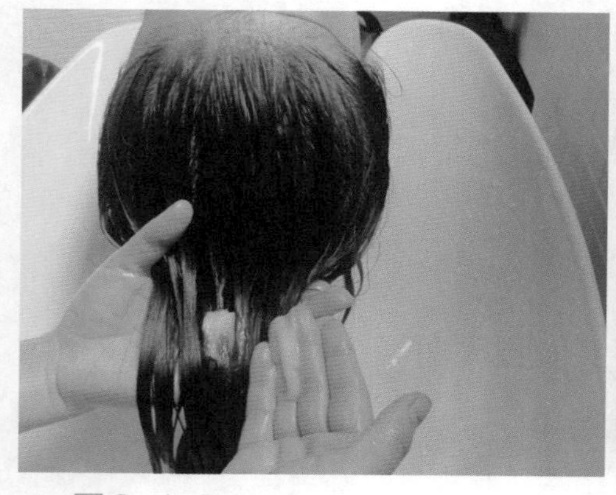

▲ 图2-1-5

▲ 图2-1-6

（4）擦干头发（图2-1-7）

把头发擦至半干后，用干毛巾把头发包好。两手压紧毛巾，吸收头发上的多余水分。注意：不要用毛巾使劲摩擦头发，以避免造成毛鳞片受损。

（5）吹风造型（图2-1-8）

在吹风造型之前可以先使用少量保湿露。电吹风使用不当会导致头发受损，因此选择正确的使用方法尤为重要。在用手梳理头发的同时利用电吹风的风使头发与空气充分接触，头发表面多余的水分就会随风蒸发。电吹风要从发根部开始吹，将适量保湿露涂于发尾，也会有利于更好地完成吹风造型。

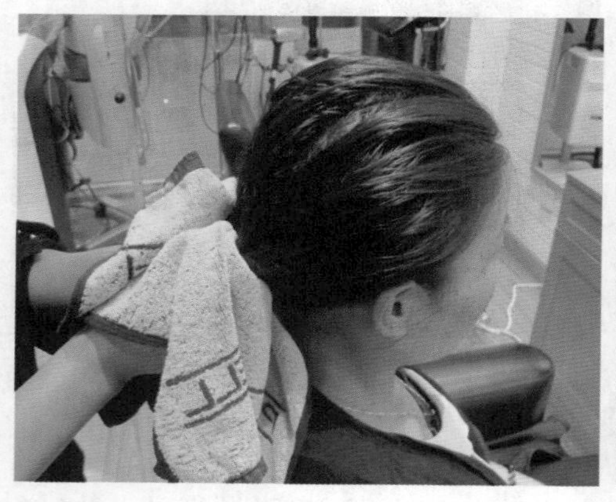

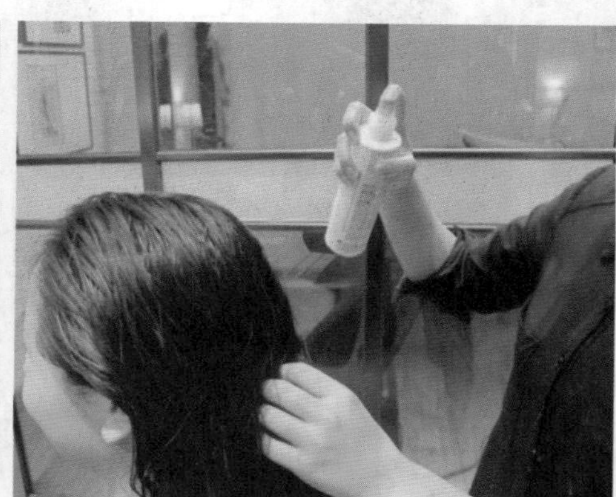

▲ 图2-1-7

▲ 图2-1-8

（6）定型（图2-1-9）

吹风造型完成后，使用发胶或亮发剂进行造型固定。适量使用造型产品可营造完美、饱满的发型。

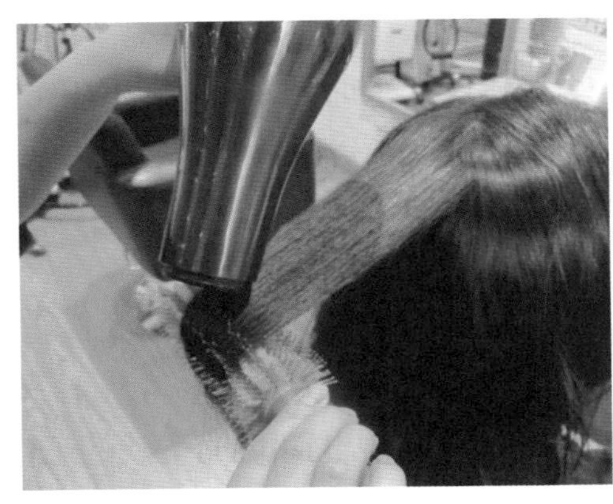

▲ 图2-1-9

3. 护发效果测评

护发效果测评见表2-1-3。

表2-1-3

序号	检查内容	自查		顾客反馈		指导师评价	
		是	否	是	否	是	否
1	接待礼仪是否到位	□	□	□	□	□	□
2	个人卫生是否合格	□	□	□	□	□	□
3	环境卫生是否合格	□	□	□	□	□	□
4	准备工作是否到位	□	□	□	□	□	□
5	操作动作是否连贯	□	□	□	□	□	□
6	护发品涂抹位置是否正确	□	□	□	□	□	□
7	护发素涂抹是否均匀	□	□	□	□	□	□
8	按摩头发力度是否合适	□	□	□	□	□	□
9	操作动作是否规范	□	□	□	□	□	□
10	顾客是否满意	□	□	□	□	□	□
11	收尾整理工作是否到位	□	□	□	□	□	□

4. 护发结束

护发造型结束后，发型师和发型助理师一起送顾客至店门口，目送其离开。接着发型助理师返回工作场所，收好洗发毛巾、围布、客服、洗发护发品、工具，整理相关的物品并清洁工作区域。

发型助理师：这位女士，头发护理结束了，您摸摸自己的头发，润滑多了吧？

顾客：是啊，头发顺滑了好多。

发型助理师：如果您要保持头发的顺滑，我建议您平时洗发时，使用单洗、单护的产品，最好坚持一周做一次专业护理。这样发质才能得到持续有效改善。另外，建议您平时洗发后要配合护发素按摩头发，让护发素在头发上停留几分钟再冲水，效果会更好。

顾客：好的，记住了，谢谢提醒。

发型助理师：请问您对今天的服务还满意吧？麻烦您帮忙评价一下我的工作表现。

顾客：谢谢！很满意！我来给你写意见。

发型助理师：非常感谢！欢迎您再来！您请慢起（帮顾客脱下客服并将其慢慢扶起），我陪您取包（把顾客引领到存包处，站在顾客身旁并帮忙拿东西），请检查一下您的随身物品，是否都带齐了（引领顾客到收银台结账）。

顾客：都带齐了，谢谢（到收银台）。

发型助理师：不客气！这是您的美发档案记录，请您签字确认。

顾客：好的！谢谢！

发型助理师：不客气！这是我应该做的。谢谢光临！请慢走！

顾客：谢谢！

任务小结

头发护理是美发厅最常见的服务项目。护发前的准备工作直接影响护发工作，发型助理师应运用头发护理的专业知识并根据不同顾客的个体情况，帮助顾客选择适合的护发产品，认真按照规范的操作流程进行实际操作。

运用正确的操作手法，为顾客进行头发和头皮的清洁、护理操作。发型助理师应熟悉剪发吹风前、后洗发护发的工作流程、准备工作的相关内容，能独立完成洗发护发的服务流程，养成良好的工作习惯。

头发的弹性

（1）头发弹性的形成原因

人的头发具有化学性能和物理性能。头发的物理性能主要包括渗透性、膨胀性、可塑性、伸缩性等。而伸缩性也称为弹性。头发的弹性是指在能恢复发丝原状不断裂的前提下，头发所能拉伸的最长限度。正常的干发能够被拉到原来长度的120%，而湿发则能被拉长到原来长度的140%~160%。

头发主要由角质蛋白组成。蛋白质是由链接在一起的氨基酸形成的。这些氨基酸链是螺旋状的，它们互相缠绕，形成了原纤丝；原纤丝互相缠绕，形成了微纤丝；微纤丝又以同样方式互相缠绕，形成了长纤维，最后就形成了毛发的皮质层。而皮质层又被角质层毛鳞片覆盖，角质层毛鳞片也含有蛋白质。这种扭转缠绕的方式使毛发具有一定的拉伸力，不易断裂。在健康的情况下，头发含有10%的水分。水分能使角质变柔，因此毛发有了弹性。

（2）检测方法

检验头发弹性强度的方法如下。

第一步：在耳朵顶点上方取一根头发。

第二步：一手的拇指和食指捏住头发的一端，另一只手的拇指和食指从捏紧的一端快速滑到头发的尽头，使头发形成卷曲状。

第三步：轻轻将头发拉直，10秒后再放开。

第四步：如果头发完全或几乎完全恢复卷发模式，说明头发的状态良好。如只恢复到50%甚至以下，那么头发就存在结构上的缺陷。这表明需要进行保养护理项目。

电吹风的使用方法

吹风时，应将电吹风调至适合的挡位，距离头发5厘米左右，吹至头发八成干即可。由发根朝发尾方向吹，否则会将毛鳞片吹翻，使得头发遭受本来可以避免的损害。另外，电吹风还要顺着梳子方向而移动，头发才能亮丽，且不易变形。

检测与练习

1. 知识检测

掌握以下知识点。

（1）头发护理的作用

（2）护发产品的分类

（3）护发产品的功效

2. 技能训练检测

进行一下训练。

（1）沟通话术训练

（2）肢体动作训练

（3）护发操作训练

（4）表情训练

（5）站姿训练

任务二　烫发保养

案例5：王女士来到美发厅求助，希望美发师能帮助护理她烫过不久的头发。发型师发现王女士头发非常干枯，因此安排发型助理师为其进行烫发后的头发保养。发型助理师运用专业的护发知识和技法，顺利地完成了烫发后的头发护理工作（图2-2-1），使王女士满意而归。

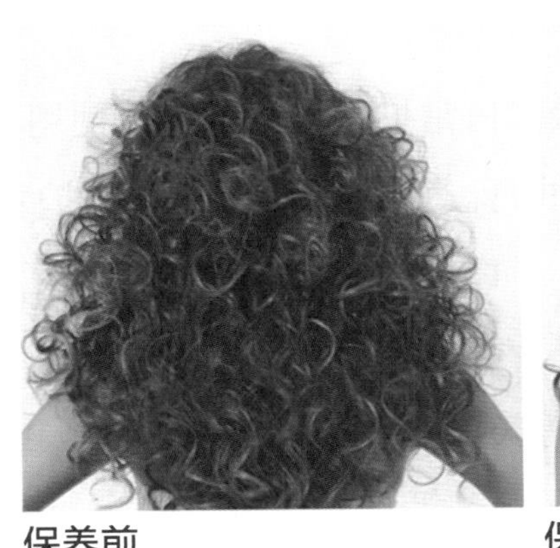

保养前　　保养后

▲ 图2-2-1

学习目标

◎ 能根据顾客烫发后的发质情况，为其选择合适的护发产品

◎ 能与顾客进行关于烫发后头发保养的沟通

◎ 能运用准确、规范的护发操作方法和服务流程，完成烫发后的护发任务

◎ 具备护发操作的服务意识、安全意识、成本意识和卫生意识

知识准备

1. 烫发保养的重要性

烫发可以帮助改变个人整体形象，增加发量的厚度，让缺乏弹性的头发产生动感。但是，不恰当的烫发会使头发中蛋白质和水分严重流失，因而对烫过的头发需要进行特殊的护理。正确的烫发护理，既能延长发卷的持久度，又能保持头发的健康。因此，烫发后的护理是非常重要的。

烫发后仍残留在头发中的烫发剂会在头发内部持续反应，使毛鳞片长期处于张开状态。从而造成头发营养成分的流失，发质干燥无光泽。选择专业的烫后护理剂能及时补充头发流失的氨基酸、蛋白质等营养成分，同时中和残余烫发剂中的碱性成分，使头发恢复正常的酸碱度。同时烫后护理能使毛鳞片快速闭合，并形成网状保护膜，使补充的营养成分不再过快流失，使卷型持久、有弹性、有光泽。

虽然烫发后的护理是必需的，但刚烫完发后不能立刻进行头发的护理。因为这时头发的内部结构硫链锁还原还没有稳定，马上护理可能会影响烫发效果。烫发后的当天不能用力梳理头发，否则不仅会影响烫发的效果而且对头发的损伤也很大。

2. 烫发专用护理产品——焗油膏

由于烫发后的头发受损比较严重，除了日常护理之外，还要使用烫后专门的护理产品进行烫后护理。常用的护理产品是焗油膏。那么焗油膏和普通护发素有什么不同之处呢?

（1）配方结构不同

护发素仅含阳离子抗静电剂和脂肪醇类的油脂，配方简单。焗油膏，除含有护发素的成分外，还含有阳离子型柔软剂、保湿剂等护发成分，配方复杂，成本也更高。

（2）功效不同

护发素起到抗静电和减少头发摩擦力的作用，使头发伏贴、易梳。焗油膏的功效则强得多，不仅有抗静电和减少摩擦力的作用，还因为能修补受损毛鳞片，所以有增加头发光泽度、改善发质的功效。使用焗油膏能令头发不缠结、不开叉、手感润滑。尤其是对经过电烫、漂染处理而受损的头发，使用焗油膏能起到很好的修复护理作用。

（3）使用方法不同

护发素一般是配合洗发产品来使用。使用时涂在洗净的头发上，常温停留几分钟后即可冲水。而焗油膏则应根据产品说明书用焗油机加热15~30分钟，然后再冲水。两者在头发上停留的时间和使用的温度均不同。

3. 焗油机的使用原理和功效

如图2-2-2所示，焗油机可分为落地式焗油机和壁挂式焗油机。

（1）使用原理

焗油机的不锈钢发热管加热水产生水蒸气，焗油罩均匀散发出的热蒸汽加热头发，扩张发丝的毛鳞片表层，加速发根的血液循环，使焗油膏中的营养成分渗透到发根，从而起到修复受损头发的作用。受损头发因得到营养成分而变得健康、光滑、柔顺。

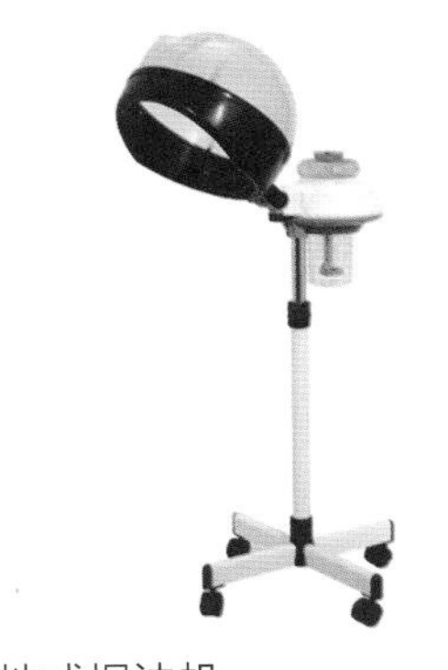

落地式焗油机

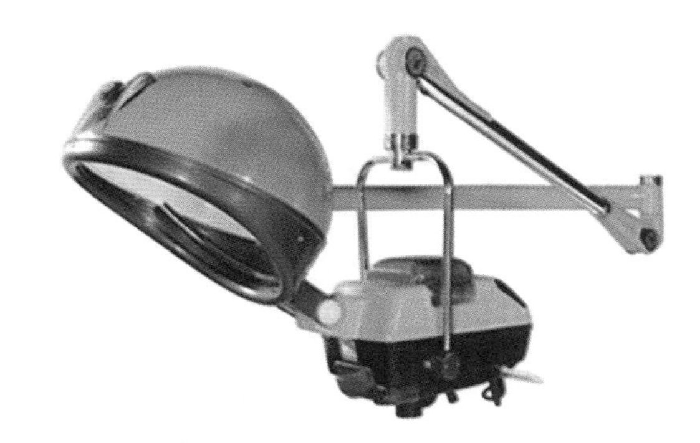

壁挂式焗油机

▲ 图2-2-2

（2）焗油机三大功效

现在美发厅常用的焗油机还具有负离子发生器。负离子发生器在产生大量负离子的同时，与空气中的氧气分子发生反应生成臭氧。负离子与臭氧能吸附、杀灭各种病菌。

① 臭氧杀菌去头屑。臭氧是一种氧化性很强的物质，是广谱、高效、快速杀菌剂，臭氧可使细菌、真菌等菌体的蛋白质外壳氧化变性，从而杀灭细菌、病毒、真菌等。常见的大肠杆菌、粪链球菌、金黄色葡萄球菌等，臭氧的杀灭率在99%以上。焗油机散发出的热气及臭氧，能加速焗油膏的渗透，使营养成分充分进入头发毛鳞片，深层滋养发丝。

臭氧杀灭真菌从而有效去除头皮屑，还能够清除头发细孔中的污垢，减少脱发，使头发乌黑发亮。

② 负离子养发。焗油机内部的负离子装置能产生带负电荷，负电荷与空气中的氧分子和微小的水分子结合形成的负离子。负离子吹到由于积聚静电而带正电荷的头发上后，可以在吹干头发的同时使水分渗透到头发中，产生滋养头发的效果。负离子还可以促进头皮血液循环。

③ 水蒸气加速营养吸收。水蒸气渗透到头发毛孔中后，不但可软化毛孔中堆积的油垢、残留物以及污垢，便于清除这些物质；还能促进皮肤微循环，加速细胞新陈代谢，改善发质，加速营养吸收。头发在湿润的情况下，毛鳞片张开，这时吸收力也较强。通过蒸气作用营养成分能充分渗入头发内层，从而帮助修复受损的毛鳞片，使发丝有活力、有弹性。焗油膏通过蒸气作用能在头发外部形成保护层，防止头发再次受损。

4. 安全使用焗油机的注意事项

① 仅在使用仪器时插上电源。长时间接上电源容易引发火灾或触电事故。

② 不能拉、拧、拔、损坏电源线，也不能将电源线缠绕在正在使用的焗油机上，否则容易导致火灾或短路。

③ 若电源线有损坏或变热现象，立即停止使用。

④ 不能在苯、油漆等易燃物品附近使用机器，否则可能导致爆炸或火灾。

⑤ 手干燥时才可以使用焗油机，否则容易导致电击。

⑥ 不能将焗油机放置在潮湿、多水处，否则容易破坏绝缘体引发火灾。

⑦ 焗油机放置要远离儿童。

⑧ 焗油机应使用纯净水，否则水中杂质会堵塞喷气环而伤人。

⑨ 不能使用稀释剂、苯或其他溶解剂清洗焗油机。

⑩ 不能延长电源线或附加插头，应使用原装配套的电源线。

⑪ 在插上电源前保持焗油机干燥。

5. 焗油机常见现象及排除方法(表2-2-1)

表2-2-1

常见现象	原因	排除方法
出蒸气响声异常、喷气环喷水	下水杆未旋紧 头罩仰得太高	放净发热锅中的水，旋紧下水杆再注入干净水 调整头罩至合适角度
机身底部漏水	下水杆未旋紧或下水杆垫圈缺损	旋紧下水杆或换新的下水杆垫圈
注意事项	使用后要及时断开电源，放干发热锅内剩余的水，待下次使用时再注入纯净水	

6. 烫发护理的方法

烫发之后半个月左右开始焗油护理，之后一般7~10天做一次焗油护理。洗净头发，吹至八成干之后，将焗油膏均匀地涂抹于头发上。使用焗油机进行适当加热，待头发冷却后，对头发进行轻柔的按摩，洗净即可。在涂抹焗油膏和按摩的时候，尽量避免沾到头皮上。顾客的头发比较长，在涂抹完焗油膏后，可将头发分成若干个发片，然后将每一个发片从发梢卷到发根，做成一个个空心卷筒，并用夹子固定。这样操作，既可以保持烫后头发的卷度，也利于焗油膏均匀渗透。

烫发小知识

1．不宜烫发者

对冷烫液或其他化妆品有过敏反应者，荨麻疹、湿疹、过敏性鼻炎、支气管哮喘等的患者不宜烫发。头皮破损严重、因各种原因脱发者，也不宜烫发。孕妇及产后半年内的女士，不宜烫发。刚经过染发、漂发、拉直或冷烫、热烫发的顾客，也不宜在短期内烫发。

2．操作技巧

冷烫液呈碱性，$pH > 7$；中和剂呈酸性。如果在烫发操作过程中遗漏了冲水步骤，那么在冷烫液的基础上直接施放中和剂就会产生酸碱中和作用，产生大量热量，从而刺激头皮。同时烫发剂反应速度过快也会损伤发质，影响头发的卷度。所以，一定要冲净头发上的冷烫液再施放中和剂。

受损发质在选择烫发水时，一定要选择专用的烫发水或含有烫前护理的产品，这样可以减少头发对烫发水的吸收，养护受损头发，使其易于梳理。

技能准备

1．护发时的站位与姿势（图2-2-3）

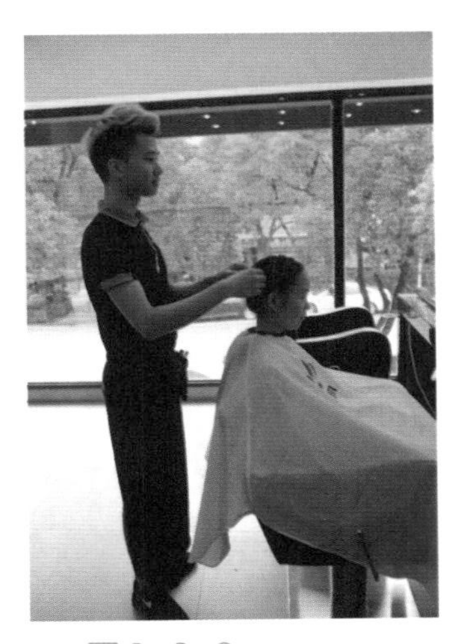

▲ 图2-2-3

2. 护发的手法与技巧（图2-2-4）

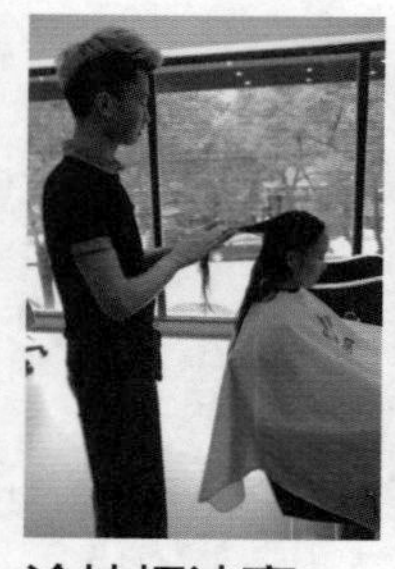

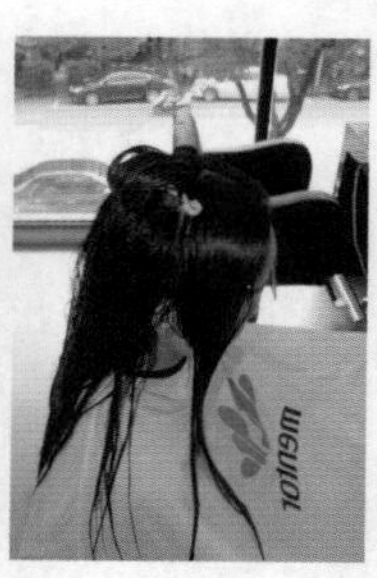

涂抹焗油膏　按摩头发　打卷　用夹子固定发卷

▲ 图2-2-4

任务实施

1. 接受任务准备烫发护发

烫发护发准备工作步骤：环境准备→个人卫生准备→个人仪表准备→设备、设施检查→用品、用具检查→产品准备→接待语言和姿态→接待领位→工作提示要点。

温馨小贴士

多吃富含维生素的杂粮、蔬菜和水果

如果身体缺乏维生素，头发会没有光泽。烫发之后，这一情况会更加明显。B族维生素可以促进头发生长，能够让头发呈现自然光泽。维生素C则能够强化毛细血管，让头发可以顺利地吸收血液中的营养。因此平时多吃一些富含维生素的杂粮、蔬菜及水果，有助于恢复烫后的头发健康。

涂发膜演示

2. 护发操作步骤

（1）洗发（图2-2-5）

使用烫后专用洗发液清洁，优质的烫后洗护发产品不仅可以去除污垢和多余油脂，而且能够为头发补充水分和养分，增加头发的弹性。洗发和护发产品应分开使用。

▲ 图2-2-5

（2）涂发膜（图2-2-6）

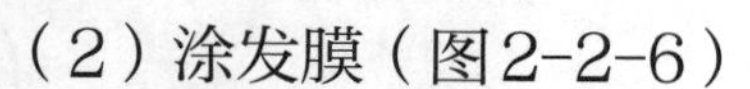

涂放烫后专用发膜。将所有头发分层、分区打手卷，让头

发能够更充分地接触到水蒸气。

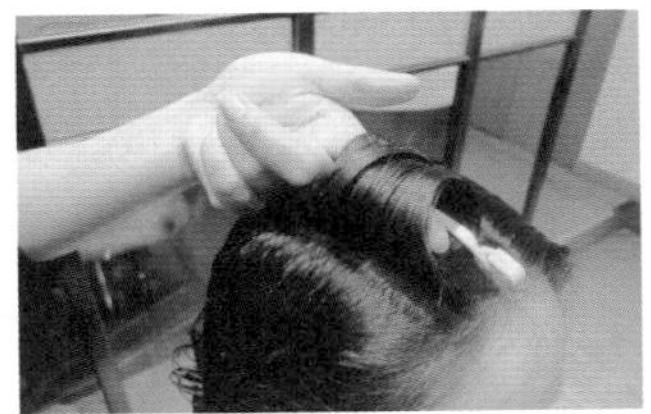

▲ 图2-2-6

（3）加热（图2-2-7）

使用焗油机对头发进行加热，按照头发护理程序进行设备预热，调整头罩位置。通过使用焗油机，帮助头发更好地吸收发膜的营养成分。

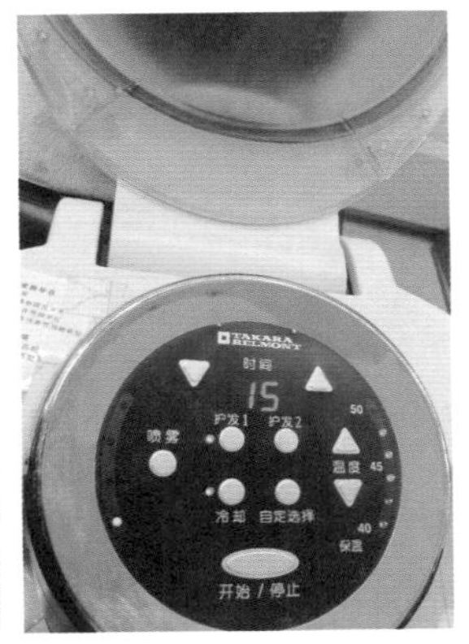

▲ 图2-2-7

（4）定型（图2-2-8）

冲水完成后，使用免冲洗护发喷雾再次修复受损发丝，滋润头发，增强发丝润泽度和弹性。最后，进行吹风造型。

▲ 图2-2-8

3. 烫发护发效果测评

烫发护发效果测评见表2-2-2。

表2-2-2

序号	检查内容	自查		顾客反馈		指导师评价	
		是	否	是	否	是	否
1	接待礼仪是否到位	□	□	□	□	□	□
2	个人卫生是否合格	□	□	□	□	□	□
3	环境卫生是否合格	□	□	□	□	□	□
4	准备工作是否合格	□	□	□	□	□	□

续表

序号	检查内容	自查		顾客反馈		指导师评价	
		是	否	是	否	是	否
5	操作动作是否连贯	□	□	□	□	□	□
6	护发品涂抹位置是否正确	□	□	□	□	□	□
7	焗油膏涂抹是否均匀	□	□	□	□	□	□
8	按摩头发力度是否合适	□	□	□	□	□	□
9	头发打卷排列是否整齐	□	□	□	□	□	□
10	焗油机使用是否熟练	□	□	□	□	□	□
11	操作动作是否规范	□	□	□	□	□	□
12	顾客是否满意	□	□	□	□	□	□
13	收尾整理工作是否到位	□	□	□	□	□	□

4. 护发结束

护发造型结束，发型师和发型助理师一起送顾客至店门口，目送其离开。接着发型助理师返回工作场所，收好洗发毛巾、围布、客服、洗发护发品、工具等，整理相关的物品，打扫环境卫生。

情境再现

发型助理师：这位女士，头发护理结束了，您摸摸头发感觉是不是很润滑?

顾客：挺好的，头发顺滑了好多。

发型助理师：如果您要保持头发的顺滑，最好坚持一周做一次专业护理，这样头发才能得到持续有效改善。另外建议您平时洗发后要配合使用护发素，效果会更好。

顾客：好的，记住了，谢谢提醒。

发型助理师：请问您对今天的服务还满意吧？麻烦您帮忙评价一下我的工作表现。

顾客：谢谢！很满意！我来给你写意见。

发型助理师：非常感谢！欢迎您再来！您请慢起（帮顾客脱下客服并将其慢慢扶起）我带您取包（把顾客引领到存包处，站在顾客身旁并帮忙拿东西）。您检查一下您的随身物品，是否都带齐了（引领顾客到收银台结账）。

顾客：都带齐了，谢谢（到收银台）。

发型助理师：不客气！这是您的美发档案记录，请您签字确认。

顾客：好了！谢谢！

发型助理师：不客气！这是我应该做的。请慢走！

顾客：谢谢！

任务小结

烫发后的头发保养是美发厅里常见的服务项目。护发前的准备工作直接影响实际工作的顺利进行，发型助理师应根据不同顾客的个体情况，认真按照规范的操作流程进行实际操作。

运用正确的操作手法，为顾客进行头发、头皮的清洁和护理操作，掌握烫发前、后头发保养的工作流程、准备工作的相关内容，并能独立完成烫发护发的接待流程，养成良好的工作习惯。

知识链接

头发中的发孔

头发吸收水分的速度取决于发孔的状态。发孔状态良好时，在发干上有翻起突出的表皮层。发孔少时，表皮层较平服；发孔过多时，表皮层翻起，头发手感毛糙。

发孔的状态和多少与烫发关系密切。发孔多，烫发剂吸收快，烫发时间短；发孔少，烫发剂吸收慢。但是，发孔过多往往是由于头发护理不当或不当的烫发引起的。

测试发孔状态的方法：可取一小撮干燥的头发，将其梳理光滑，一手的拇指和食指紧紧握住发梢，另一只手的手指夹住头发从发梢向头皮处滑动。若滑动时前方产生很多波浪皱纹或有不顺畅之感，表示该头发的发孔较多；若滑动阻力很小，波浪皱纹少，则发孔较少。

检测与练习

1. 知识检测

掌握以下知识点。

（1）烫发后护理的重要性

（2）焗油膏与护发素的区别

（3）焗油机的功效和使用注意事项

2. 技能训练检测

进行一下训练。

（1）烫发后保养沟通话术训练

（2）烫发后护发操作训练

（3）肢体动作训练

（4）表情训练

（5）站姿训练

3. 以小组为单位互动练习。并判断以下问题，进行小组竞赛。

（1）涂抹焗油膏或发膜后一定要注意手指轻轻按摩头发。(　　)

（2）涂抹发膜时，取量越多对头发越有营养。(　　)

（3）洗净头发，将头发吹至八成干之后，再将焗油膏均匀地涂抹在头发上。(　　)

任务三　染发保养

案例6：一天，李女士来到美发厅求助，她反映自己刚染过不久的头发已经开叉、干枯，失去了原有的光泽。发型师通过与李女士认真沟通后，安排发型助理师为其进行染发后的头发保养。发型助理师运用专业的护发知识和技法，顺利完成了为李女士进行染发后的头发保养的工作（图2-3-1）。李女士满意而归。

保养前　保养后

▲ 图2-3-1

学习目标

◎ 能根据顾客染发后发质的情况，为其选择合适的保养产品

◎ 能与顾客进行关于染发后头发保养的简单沟通

◎ 能运用规范的染发后的护发操作方法和服务流程，完成染发后头发的保养任务

◎ 具备染发后头发保养操作的服务意识、成本意识、安全意识和卫生意识

知识准备

1. 染发保养的重要性

亚洲人头发的颜色大多是黑色。我国改革开放后，很多人开始尝试将自己的黑发染成自己喜欢的各种颜色。不同颜色的头发能带来不同的美感。红色给人热情、奔放、有朝气、充满生命力的之感。棕色给人以柔和、易接近之感。深色头发给人以端庄典雅之感，并能展现独特东方美。但是染后的发丝容易褪色，同时染发还有可能会损伤头发的健康，因此，染后的保养工作尤为重要。

在染发之后，有针对性地补充头发所需营养成分让秀发得到充分的保养，并选择具有保护发色功能的洗护产品来减少发色的流失。紫外线对头发以及发色的伤害非常大，所以防晒也是养护工作中的重要一步。

2. 染发产品分类

染发产品可分三类：暂时性染发剂、半永久性染发剂和永久性染发剂。

（1）暂时性染发剂

不需要配合双氧乳使用，所以色素不会进入皮质层。色素直接黏附在表皮层的毛鳞片上。不会影响原来的发质结构，也不会改变原来的发色。比如彩色喷发胶就属于一次性的染发产品，只要洗一次，头发上颜色就会消失，所以暂时性染发剂也叫作一次性染发产品。

（2）半永久染发剂

不需要配合双氧乳使用，不会改变原有的头发结构，头发会被上色但不会被变浅；半永久染发剂中的非氧化性色素从毛鳞片的缝隙中渗透到表皮层和皮质层的交界处。使用半永久染发剂染发后，发色一般可维持6~8次洗发。

（3）永久性染发剂

永久性染发剂中含有对苯二胺，需要配合双氧乳使用。把永久性染发剂和双氧乳按照比例调配在一起。对苯二胺和双氧乳所起的化学反应可以分解头发内部的天然色素；双氧乳还能将氧化人工色素并渗透至在皮质层内部。使用永久性染发剂后，发色大约可以维持20次洗发。永久性染发剂是现在主流的染发产品。

双氧乳的作用是分解天然色素和氧化人工色素。染浅时，双氧乳首先将天然色素变浅，然后再氧化人工色素；染深时，仅氧化人工色素。

永久性染发剂对头发的伤害比半永久染发剂和一次性染发剂的伤害要大，所以更应该及时进行染发后的养护，用专业护发减少头发的损伤。

3. 染发后头发受损程度

（1）轻度受损

头发轻度受损时，有轻微分叉的现象，容易起静电，触摸时有干涩感。发现轻度受损时要注意护理才不会发展成严重受损发质。

（2）严重受损发质

严重受损时，头发无光泽、无弹性、发尾分叉、干枯毛糙、松散不易梳理，触摸时有粗糙感。

（3）极度受损的发质

极度受损时，头发发质枯黄、暗淡无光、发焦现象严重、分叉严重、发梢分裂或缠结成团，易断发。

4. 护发仪器的特性和原理

（1）超声波红外线护理夹板（图2-3-2）

在超声波的作用下，营养物质或色素分子可以有效地被头发吸收；而在红外线的帮助下，受损的头发组织将会被直接修复。染发后的头发大多受损严重，形成中空多孔性毛发。使用超声波远红外线护理夹板，不用加热和过度扩张毛鳞片，即可修复皮质层并防止头发分叉和受损，还可增强头发弹性，加强头发吸收营养物质的能力。

（2）冰封护发仪（图2-3-3）

冰封护发仪在数十秒内快速制冷，使夹板的温度低于0 ℃。毛鳞片在0 ℃下会完全闭合，因此使用后能修复热伤害及碱伤害后过度打开的毛鳞片，同时还能防止头发内水分和养分的过度散发，解决头发毛鳞片分裂干燥的问题。

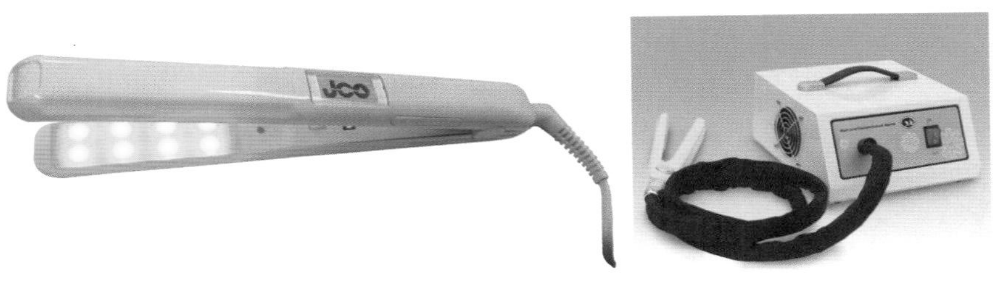

▲ 图2-3-2　　▲ 图2-3-3

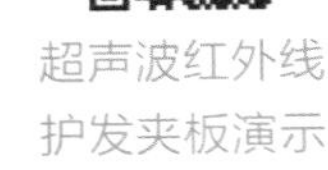

超声波红外线护发夹板演示

5. 两种仪器的使用方法

（1）超声波红外线护理夹板

洗发后，以十字区分法将头发均匀分区分层，每片发片厚度约为2厘米。为每一片发片喷上精华液。从距离发根2厘米处开始使用超声波红外线护理夹板一直夹至发尾。正向和反向各夹两次。完成全头的护理后，冲水即可进行吹风造型。

配合使用的精华液中添加多种氨基酸。使用后可修护毛发表皮层，保持头发中的水分，使毛发不再干燥断裂。

（2）冰封护发仪

冰封护发仪演示

先加热打开头发毛鳞片，涂抹护发品，让护发产品进入发干中，之后冲洗头发，并把头发擦干至八九成干，最后使用冰封护发仪闭锁毛鳞片。

具体操作如下：将头发以十字分区法分区，每片发片的厚度为3~5厘米。从距离发根2厘米处开始用冰封护发仪器夹板加发片至发尾，正反各两次。

技能准备

1. 护发时的站位与姿势（图2-3-4）

▲ 图2-3-4

2. 护发的手法与技巧(图2-3-5）

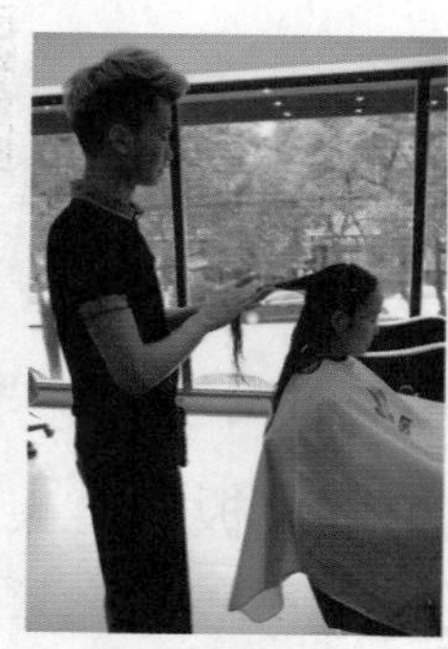

① 涂抹护发产品

② 按摩头发

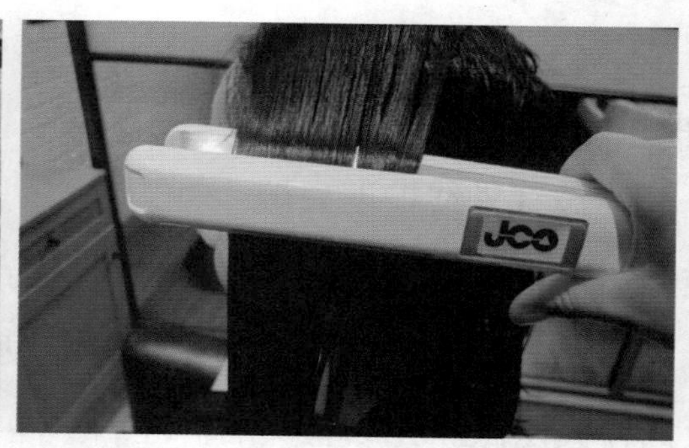

③ 使用护发夹板

▲ 图2-3-5

任务实施

1. 接受任务准备染发护发

环境准备，设备、设施检查（图2-3-6）→用品、产品准备（图2-3-7）→检查个人卫生（图2-3-8）→检查个人仪表（图2-3-9）→用品、用具检查（图2-3-10）→领位（图2-3-11）。

▲ 图2-3-6

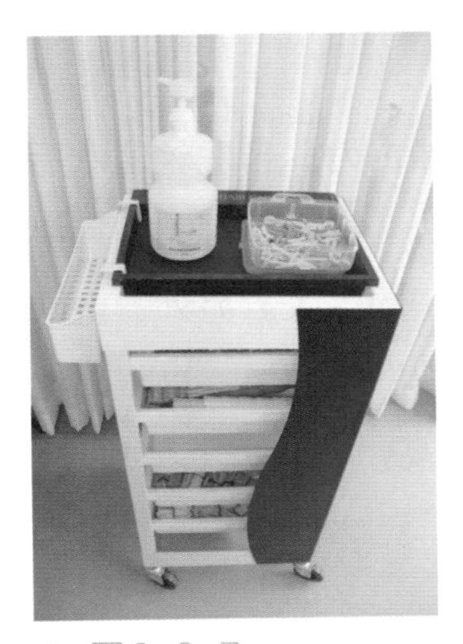

▲ 图2-3-7

▲ 图2-3-8

▲ 图2-3-9

▲ 图2-3-10

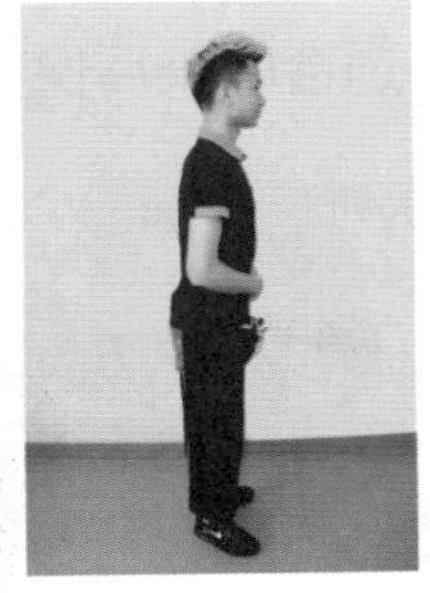

▲ 图2-3-11

知识链接

1. 红外线

通过红外线照射，人体组织温度升高，毛细血管扩张，血流加快；组织细胞活力及再生能力提高；还能将引起疲劳及老化的物质，如乳酸、游离脂肪酸、多余的皮下脂肪等，从皮肤的毛囊口直接代谢掉。在红外线区域中，对人体最有益的波段就是4~14微米这个范围。

2. 超声波

超声波是一种频率高于20 000赫兹的声波。利用超声波，能在常温下能把水雾化成1~5微米的微小雾粒。此时，营养物质可以借助这些微小雾粒进入头发的皮质层。

温馨小贴士

染发后护理小技巧

染发后，影响发丝靓丽的原因之一是洗发时水的冲击力。当发丝遇水后头发毛鳞片张开，造成色素分子流失。这时应使用染后发质洗、护专用的美发用品，它可以减小头发毛鳞片间隙遇水的扩张效果，减少色素分子的流失。另外，电吹风的使用方式对染发后发色能否保持亮丽也很重要。电吹风散发的高温，也容易造成发色褪色。使用电吹风造型时，如果离头皮太近或温度过高，会造成毛鳞片过度张开，从而加快色素分子的流失。

2. 护发操作步骤

根据不同的发质选择适合的染后保养产品进行头发的修复（图2-3-12~图2-3-16）。

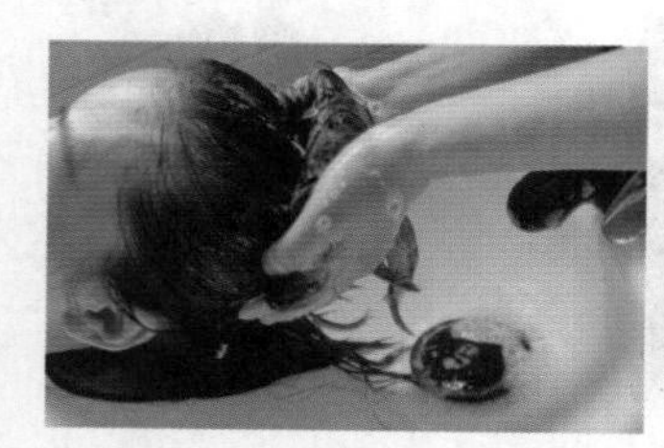

选择染后专用洗发液进行清洁洗发

▲ 图2-3-12

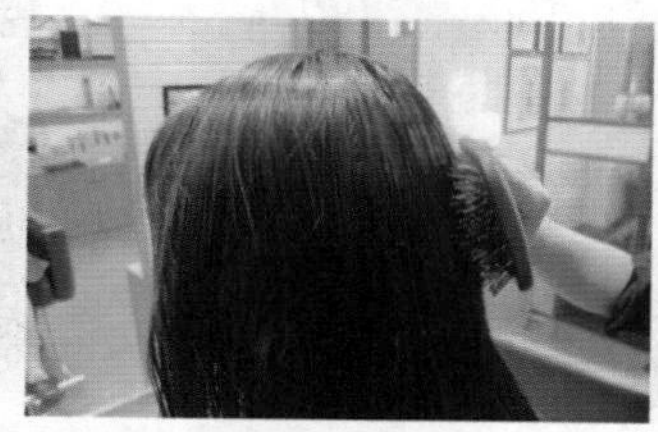

用宽齿梳将头发梳通梳顺

▲ 图2-3-13

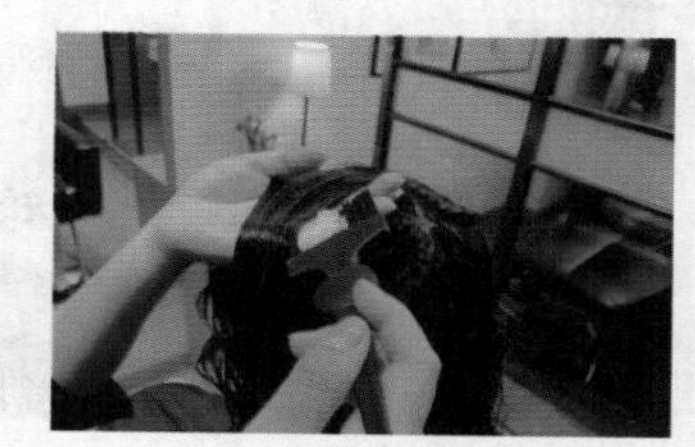

使用染后专用发膜分区分层涂放在头发上

▲ 图2-3-14

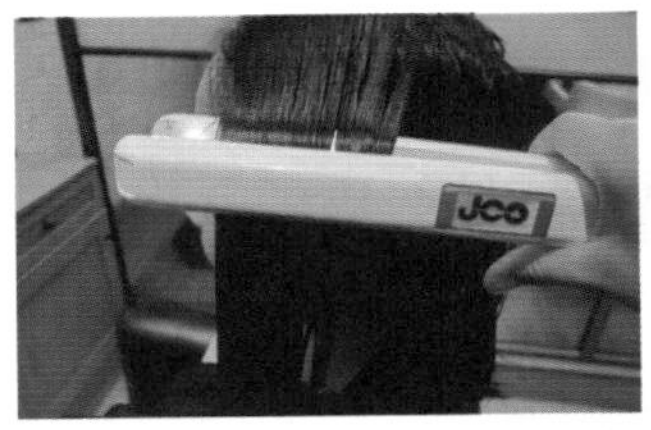

每层头发使用红外线超声波护理夹板在一层头发上夹两遍，夹板的温度为45℃下，因此毛鳞片不会过度张开，从而防止头发色素粒子流失

▲ 图2-3-15

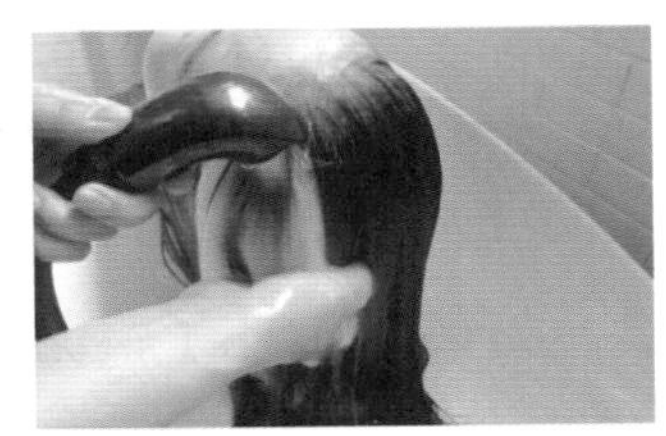

冲水时进行乳化。彻底冲洗干净后，进行吹风造型

▲ 图2-3-16

3. 染发护发效果测评

染发护发测评见表2-3-1。

表2-3-1

序号	检查内容	自查		顾客反馈		指导师评价	
		是	否	是	否	是	否
1	接待礼仪是否到位	□	□	□	□	□	□
2	个人卫生是否合格	□	□	□	□	□	□
3	环境卫生是否合格	□	□	□	□	□	□
4	准备工作是否到位	□	□	□	□	□	□
5	操作动作是否连贯	□	□	□	□	□	□
6	护发品涂抹位置是否正确	□	□	□	□	□	□
7	护发精华液涂抹是否均匀	□	□	□	□	□	□
8	护发仪器使用是否熟练	□	□	□	□	□	□
9	操作动作是否规范	□	□	□	□	□	□
10	顾客是否满意	□	□	□	□	□	□
11	收尾整理工作是否到位	□	□	□	□	□	□

4. 护发结束

染发后的头发保养结束后，发型师或者发型助理师一起送顾客至店门口，目送其离开。接着发型助理师返回工作场所，收好洗发毛巾、围布、客服、洗发护发品、工具，整理相关的物品并清洁工作区域。

情境再现

发型助理师：这位女士，头发护理结束了，您摸摸头发感觉是不是很润滑？

顾客：挺好的，头发顺滑了好多。

发型助理师：如果您要保持头发的顺滑和发色，最好坚持一周做一次专业护理。

顾客：好的，记住了，谢谢提醒。

发型助理师：请问您对今天的服务还满意吧？麻烦您帮忙评价一下我的工作表现。

顾客：谢谢！很满意！我来给你写意见。

发型助理师：非常感谢！欢迎您再来！您请慢起（帮顾客脱下客服并将其慢慢扶起），我带您取包（把顾客引领到存包处，站在顾客身旁并帮忙拿东西），您检查一下您的随身物品，是否都带齐了（引领顾客到收银台结账）。

顾客：都带齐了，谢谢（到收银台）。

发型助理师：不客气！这是您的美发档案记录，请您签字确认。

顾客：好的！谢谢！

发型助理师：不客气！这是我应该做的。谢谢光临！请慢走！

顾客：谢谢！

任务小结

头发护理是美发厅里常见的服务项目。护发前的准备工作直接影响实际工作的顺利进行，发型助理师应根据不同顾客的个体情况，认真按照规范的操作流程进行实际操作。

发型助理师应运用正确的操作手法，进行头发、头皮的清洁和护理操作，掌握染发前、后护发的工作流程、准备工作的相关内容，并能独立完成染发头发保养的接待流程，养成良好的工作习惯。并能结合中医传统养生之道为顾客提出合理化的头发日常保养建议。

染发后发色持久方法

（1）根据发色需要保持的时间来选择染发颜色

不同的染发颜色所能够保持的时间是不同的。因此，可以根据顾客想要保持发色的时间，选择染发颜色。红色的色彩分子最小所以褪色最快，黑色的色彩分子最大所以不那么容易褪色。

（2）避免长时间紫外线的照射

头色会随光线的照射而变化。所以应该注意避免头发长时间被紫外线直射。所以，在户外时，除了戴帽子或者撑伞外，也可适当使用含有SPF成分的护发产品来减少头发变色。

（3）避免氯气的影响

氯气溶于水后生成具有氧化性和漂白性的次氯酸。次氯酸能使发色褪色。而游泳池多用氯气消毒，所以在游泳之后，一定要彻底洗发。否则，会使原有发色褪色，发质也会变得干枯，无光泽。

（4）使用具有护色或固色功能的洗发护发产品

为了让染后的发色持久，应使用具有护色固色功能的洗发护发产品。

（5）有规律进行专业护理

有条件的顾客，可建议他们每周进行一次专业护理使染发后的发色持久光亮。

检测与练习

1. 知识检测

掌握以下知识点。

（1）染发后头发护理的重要性

（2）护发产品的特性

（3）护发仪器的作用和功效

2. 技能训练检测

进行一下训练。

（1）染发后头发保养沟通话术训练

（2）肢体动作训练

（3）染发后护发操作训练

（4）站姿训练

（5）表情训练

3. 以小组为单位，进行互动练习。

项目三
头皮保养

头皮是面部肌肤在头部的延伸，头皮的结构和面部皮肤的结构基本相同，是由表皮、真皮和皮下组织构成。头皮一般分为9类：① 健康头皮；② 油性头皮；③ 油性头屑头皮；④ 干性头皮；⑤ 干性头屑头皮；⑥ 毛囊炎头皮；⑦ 敏感性头皮；⑧ 毛囊萎缩性头皮；⑨ 角质层过厚头皮。在日常生活中，大多数人没有意识到自己的头皮问题，往往头皮问题已经很严重了才来美发厅寻求帮助。所以在日常生活当中，头皮的保养是很重要的。

专业的头皮保养是美发厅的服务项目，是日常保持头部皮肤清洁健康的重要环节，也是改善问题头皮的重要途径。这一项目主要包括：健康头皮保养、问题头皮保养两个任务。

项目目标

◎ 了解头皮保养相关产品的知识

◎ 掌握头皮的生理结构

◎ 掌握常见头皮护理用品的性能及效果

◎ 能正确使用头皮检测仪

◎ 能正确识别头皮问题，并根据不同的头皮选择相应的产品

◎ 能进行正确的头皮保养操作

◎ 具备责任心、安全意识和环保意识

工作流程和要求

头皮保养流程和要求

序号	流程	内容要求
1	准备	（1）接受头皮保养任务，符合接待标准。接待顾客到位，能恰当适时地与顾客沟通 （2）能根据不同的头皮保养项目，准备相关产品 （3）镜台、座椅、头皮测试仪、洗头设备、其他工具摆放整齐易于操作，符合卫生标准
2	操作	（1）做头皮测试，选择适宜的头皮保养产品 （2）梳顺头发后，将头发分区 （3）选取适量产品，分层均匀涂抹 （4）用指腹按摩，力度适宜 （5）将头发冲洗干净 （6）头皮保养动作规范、准确、协调、完整、到位 （7）吹风造型，手法正确
3	效果	（1）头皮干净清爽，头发光顺、纹理清晰、有弹性 （2）服务规范、热情，顾客满意
4	结束	（1）工作环境整洁 （2）镜台、座椅、工具、用品归位，摆放整齐 （3）礼貌送客

操作流程

准备（知识、环境、用品、技能）→操作（接待表述、肢体语言、技能动作）→效果（舒适、美观）→结束（顾客满意、结束语、送宾、整理工作区）。

任务一　健康头皮保养

案例7：刘女士下班后，来到美发厅做头皮保养。前台安排发型助理师接待刘女士。发型助理师运用专业的头皮保养知识和技法，为刘女士进行了头皮保养的工作。刘女士满意而归。

学习目标

◎ 能准确地为顾客做头皮测试，并为其选择适宜的头皮保养产品

◎ 能与顾客进行恰当的头皮保养方面的沟通

◎ 能运用准确、规范的头皮保养操作方法和服务流程，完成健康头皮的保养任务

◎ 具备头皮保养的服务意识、成本意识、卫生意识和安全意识

知识准备

1. 头皮的结构及特点

（1）毛囊

头皮的结构（图3-1-1）和面部皮肤的结构基本相同，是由表皮、真皮和皮下组织构成。头皮上还有很多毛囊，每个人头皮上有10万~15万个毛囊。毛囊是包围在毛发根部的囊状组织，是用来生长毛发的皮肤器官。毛囊的数量是先天决定的，成人后也不能增加新的毛囊，毛囊死后也不能再生。每个毛囊中生长着2~4根头发（图3-1-2）。毛囊与皮脂腺相连，毛发密度越高的区域皮脂腺的数量就越多。毛囊的最深处是位于角质层下3~7毫米的毛乳头。毛乳头含有神经和血管，负责向毛干提供养分。

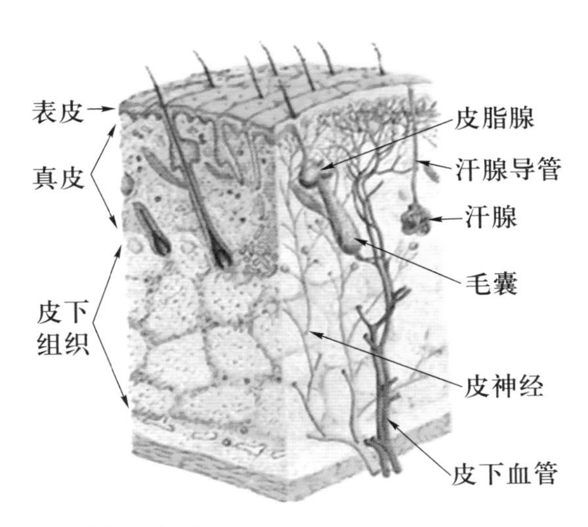

▲ 图3-1-1

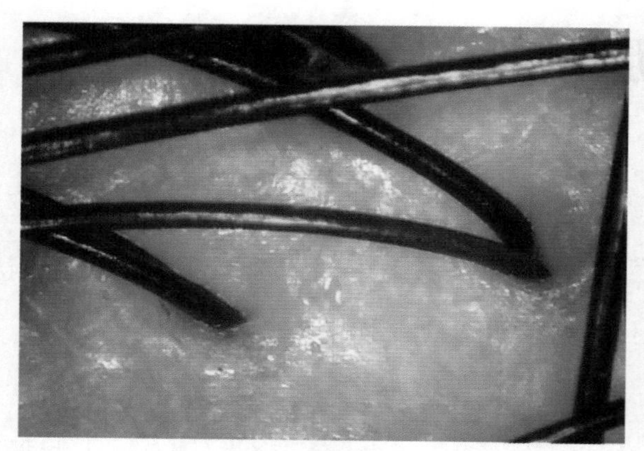

▲ 图3-1-2

（2）头皮和面部皮肤的区别

① 头皮的厚度大约是1.476毫米，脸颊上皮肤的厚度大约是1.533毫米，鼻子上皮肤的厚度大约是2.040毫米。这也就是说，头皮比面部大部分位置的皮肤都要薄。

② 头皮上的皮脂腺密度是每平方厘米144~192个，额头上的皮脂腺密度是每平方厘米52~79个，脸颊上的皮脂腺密度则是每平方厘米42~78个。也就是说，即使是跟面部最容易出油的额头相比，头皮的皮脂腺数量也有它的两倍之多。

③ 12小时内，头皮表面分泌的皮脂量可达到每平方厘米288微克，而额头的皮脂量只有每平方厘米144微克。

总之，与面部皮肤相比，头皮更薄、皮脂分泌更加旺盛，由于有头发的遮挡，头皮的清洁比面部的清洁更困难一些。

2. 健康头皮和头皮诊断分析

健康头皮：头皮颜色呈青白色，有弹性、有韧性，每个毛囊有2~4根头发，毛囊口没有堵塞物呈旋涡状。

头皮诊断分析有三个重点：① 分析头皮表面皮肤（头皮的颜色、光泽、角质层的堆积程度），② 分析头发（包括发量、粗细），③ 分析头皮毛囊口的环境（毛囊口的油脂、颜色）。

3. 皮肤的生理功能

（1）保护

① 对机械性刺激的保护作用：皮肤的表皮角质层柔韧而致密，真皮中的胶原纤维、弹力纤维和网状纤维交织成网，皮下脂肪柔软而具有缓冲作用。因此在一定程度上，皮肤能耐受外界的摩擦、牵拉、挤压、冲撞等损伤。

② 对物理性损害的防护作用：角质层表面的皮脂膜既能防止水分过度蒸发，又能阻止外界水分渗入，从而起到调节和保持角质层水分含量的作用。皮肤的角质层电阻较大，对低压电流有一定的阻抗作用。黑色素细胞受紫外线照射后产生更多的黑色素，角质层的角化细胞也有反射和吸收紫外线的作用，从而增强皮肤对紫外线的防护作用。

③ 对化学性损伤的防护作用：角质层细胞排列致密，能防止外界化学物质进入人体，角质细胞本身有抵抗弱酸、弱碱的作用，但这种屏障作用是相对的。

④ 对生物性伤害的防御作用：致密的角质层可以阻挡一些微生物的入侵。干燥的皮肤表面和弱酸性的环境不利于微生物的生长繁殖。而真皮基质的分子筛结构，能将侵入的细菌局限化，有利于将其消灭。

（2）感觉

皮肤内有多种感觉神经末梢，能将外界的刺激沿相应的感觉神经纤维传至大脑皮质而产生不同的感觉。如触觉、压觉、冷觉、热觉、痛觉等单一感觉，以及干、湿、光滑、粗糙等复合感觉。

（3）调节体温

皮肤能感受外界温度和体温的变化，反馈到体温调节中枢，然后通过交感神经调节皮肤血管的收缩和扩张，从而改变皮肤中的血流量和热量扩散，以调节体温。体表热量的扩散主要有热辐射、汗液的蒸发、皮肤周围空气对流和热传导。

（4）分泌和排泄

通过分泌汗液，可以调节体温，并排泄部分体内代谢物，取代部分肾功能。通过分泌皮脂润泽毛发、防止皮肤干裂。汗液和皮脂均可抑制皮肤表面某些细菌生长。

（5）吸收

外界物质通过毛囊、皮脂腺或汗管、角质细胞间隙、角质层细胞本身而吸收。不同部位皮肤吸收能力不同。角质层的水合程度、物质的理化特性均可影响皮肤的吸收作用。

（6）代谢

皮肤中存在糖、蛋白质、脂类、水、电解质等多种物质代谢，以维持皮肤的能量供给、细胞更新和内环境的稳定。

（7）免疫

皮肤是机体与外环境之间的屏障，许多外来抗原经过皮肤进入机体，所以许多免疫反应首先发生于皮肤。目前对皮肤的细胞免疫研究较深入，而对体液免疫所知较少。

4. 健康头皮的日常保养

拥有健康的头皮需要养成良好的个人习惯，平时要注意卫生勤洗头。洗发的水温不可以过热（38 ℃左右即可），因为过热的水温会刺激皮脂腺过度分泌，导致水分流失。戒烟，少饮酒，避免吃辛辣和高糖高脂的食物。头皮瘙痒时忌剧烈搔抓和用锐物刮洗。生活有规律、睡眠充足、保持一个良好的心情也很重要。当然选用适合自己的养护产品也非常重要。最好定期到美发店进行专业的头皮养护。

5. 头皮养护的功效和方法

（1）头发养护的功效

维持头皮生态环境健康的三大要素是：油脂、菌群、代谢。当我们的头皮在日常生活中油脂分泌过多时，头皮菌群环境就会失调，头皮上的有害细菌就会大量滋生，继而出现头痒的情况；而头皮角质层代谢过快，就会形成大量头皮屑，所以三者失衡，就会导致各种头皮问题的产生。

而头皮养护就像人们进行面部皮肤和身体皮的肤养护一样，人人都需要。健康头皮的养护，主要在于预防问题的出现，所以更强调清洁头皮和平衡油脂分泌的功效。针对烫发、漂发、染发之后的受损发质，或者因为压力、环境污染、紫外线、饮食作息习惯、内分泌及生理疾病等后天因素影响的头发损伤、头皮亚健康状态，从毛囊到发干进行全方位的滋养和修护，做到“头皮调理、发根滋养、发干修复”。头皮养护的功效就从根本意义上做到“养发”，进而做到，防敏生发、白发转黑、祛除头屑、控油、抗敏感、头部舒缓减压等头皮头发护理。

（2）头皮养护方法

第一：头皮检测。借助头皮检测仪，对顾客头皮进行科学的检测，确定类型后再选择相应的产品，进行头皮保养。

第二：将适量“平衡乳”涂抹至头皮及头发上，用指腹按摩5分钟后洗发。用温水冲洗，达到头皮头发双重洁净效果。

第三：将头发梳顺并十字分区，取适量“精纯露”，快速分层均匀涂抹在头皮上，指腹轻揉头皮10分钟左右。帮助头皮吸收产品，深层滋养头皮和头发，补充头发内部所需蛋白质等成分，并平衡油脂分泌。

第四：引领顾客到洗发椅就坐，将头发及头皮上的多余产品冲洗干净。取适量“结构素”均匀涂抹至头皮头发，用指腹轻揉头皮3分钟后冲净，双重修复头皮头发。

第五：把头发上的水分挤干，收拢头发，用毛巾将头发包好后，整理发型，吹风造型。

1. 头皮保养时的站位与姿势（图3-1-3）

2. 头皮保养的手法与技巧（图3-1-4~图3-1-5）

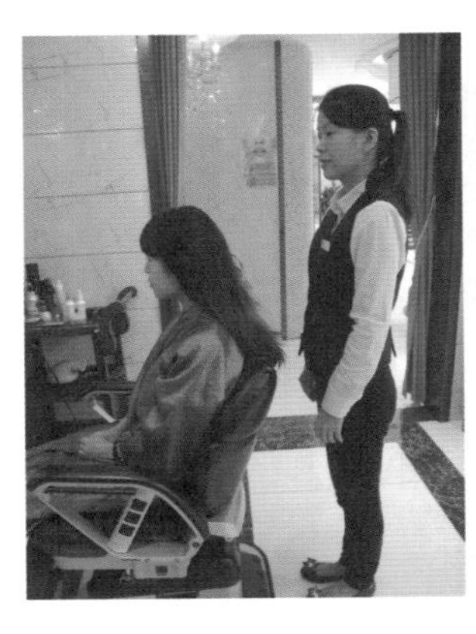

▲ 图3-1-3

分层涂抹

▲ 图3-1-4

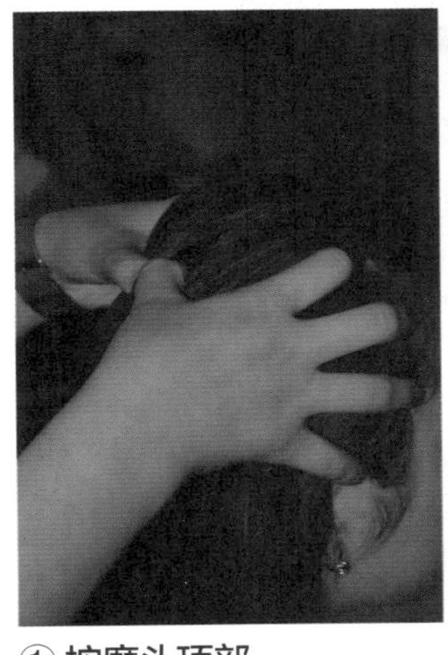

① 按摩头顶部

② 按摩头后部

③ 按摩发际边缘

▲ 图3-1-5

3. 收包发干和发尾（图3-1-6）

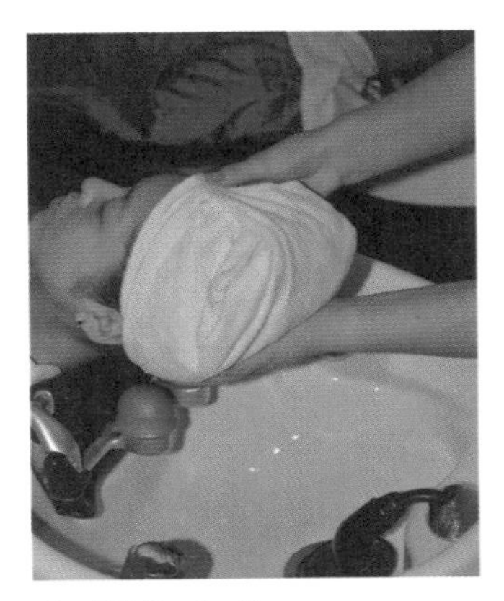

▲ 图3-1-6

任务实施

1. 接受任务准备头皮保养

（1）环境准备（图3-1-7）

（2）个人卫生准备、个人仪表、准备设备

（3）设施、检查用品（图3-1-8）

（4）用品、用具检查（图3-1-9）

（5）产品准备（图3-1-10）

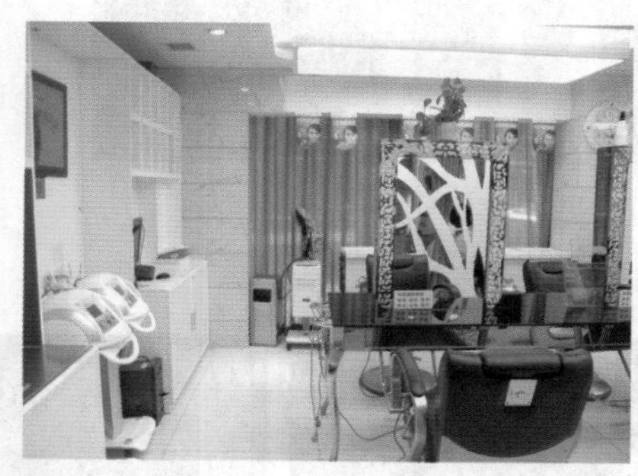

▲ 图3-1-7

▲ 图3-1-8

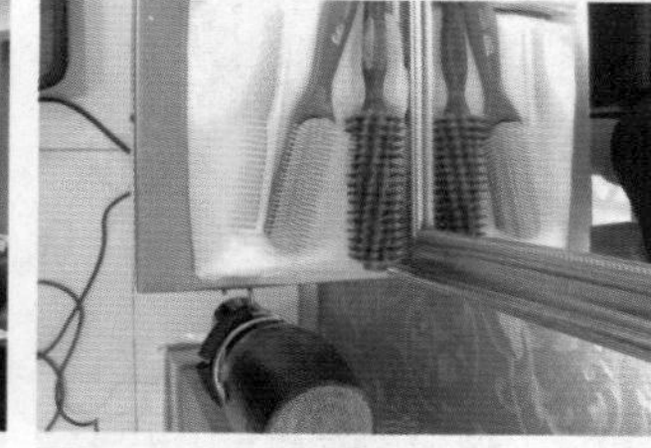

▲ 图3-1-9

▲ 图3-1-10

（6）接待语言和姿态

（7）接待领位

知识链接

1. 平衡乳、精纯露、结构素

“平衡乳”是洗发乳的一种，使用后能让头发由内至外焕发光彩、蓬松光亮。“精纯露”是精华素的一种，使用后能即时强化头发柔弱部分，补充头发内部所需的蛋白质和营养成分，平衡油脂分泌的精华素。“结构素”能深层渗透头发内部，强化修补发丝内部多孔结构。

① 平衡乳蕴含茶树萃取物、修复亮泽因子，并可根据需要添加精油。

② 精纯露含茶树、何首乌等多种植物萃取物。

③ 结构素含茶树萃取物、氨基酸、阳离子调理剂，二甲基硅氧烷等。

2. 头皮检测仪的使用

① 把检测仪USB接口与电脑连接，打开电脑中的相应软件。

② 用酒精消毒仪器探头，擦拭时不能让酒精进入仪器里面。

③ 询问顾客有关生活习惯的问题（如洗头时间）从而更准确地判断顾客头皮的类型。

④ 一切准备工作完成后，为顾客进行测试。分别在头顶部、后脑部、头左边和头右边取点，分析头皮状况并拍照保存。

⑤ 测试完成后，要填写《头皮、头发检测报告》留存。以便在为顾客做第二次测试时，有可比性，更具说服力。

头皮抗衰

头皮是全身老化最快、自由基含量最高的部位。头皮老化的速度，是脸部皮肤的6倍，是身体肌肤的12倍。到五六十岁时，毛囊数量下降到出生时的1/4，头发密度下降，毛发的生长速度也越来越慢。头皮是面部皮肤的延伸，当头皮中的血管开始减少，老化松弛的头皮将导致嘴角、眼角下垂，额头形成皱纹。从这个角度说，真正的彻底抗老化，不只针对脸上肌肤，被掩盖在头发下面的头皮更不能忽视。如果不保护好头皮，它的衰老速度还会加快。

发丝之所以出现各种烦恼，如头屑、脱发等，都与头部肌肤的健康状况有关系。因此，想要一头靓丽的秀发，需要增强对头皮养护的意识。进行头皮保养除了可以活化毛囊，促进头皮的血液循环，刺激毛发生长，还可以深层净化毛囊，加强新陈代谢，使头皮干净清爽，改善油性头皮和头皮屑的困扰，让新生的发丝更健康亮丽。此外，还具有舒缓效果，能让因压力而紧绷的头皮放松，进而缓解头痛或头皮敏感瘙痒的问题。

2. 健康头皮保养操作步骤（图3-1-11~图3-1-18）

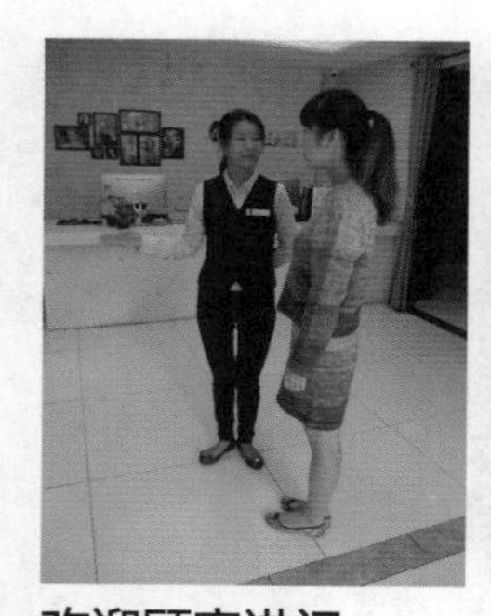
欢迎顾客进门
▲ 图3-1-11

引领顾客入座
▲ 图3-1-12

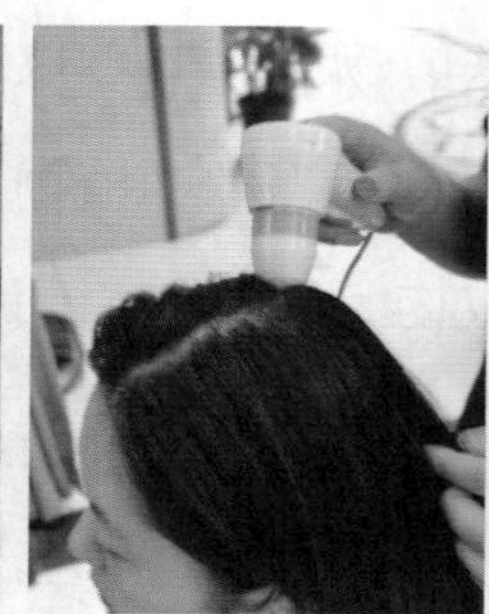
进行头皮检测

▲ 图3-1-13

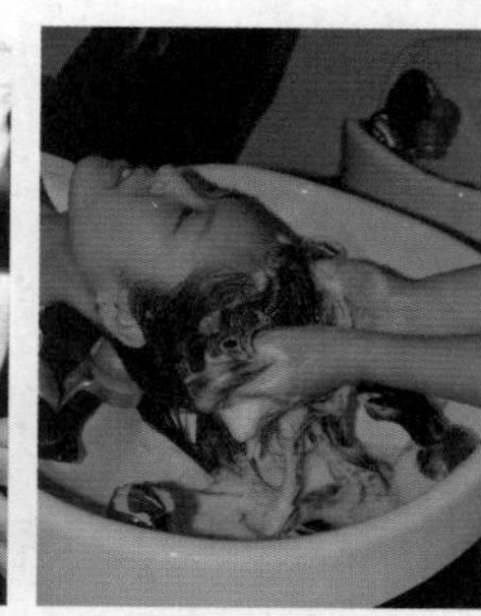
涂抹“平衡乳”洗发

▲ 图3-1-14

头发十字分区，分层涂抹“精纯露”
▲ 图3-1-15

用指腹按摩10分钟
▲ 图3-1-16

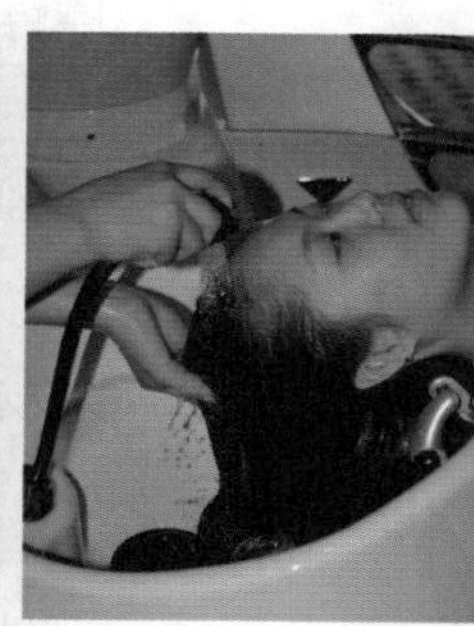
将产品冲净后，涂抹“结构素”
▲ 图3-1-17

吹风造型
▲ 图3-1-18

3. 头皮保养效果测评

头皮保养效果测评见表3-1-1。

表3-1-1

序号	检查内容	自查		顾客反馈		指导师评价	
		是	否	是	否	是	否
1	接待礼仪是否到位	□	□	□	□	□	□
2	个人卫生是否合格	□	□	□	□	□	□
3	环境卫生是否合格	□	□	□	□	□	□
4	准备工作是否到位	□	□	□	□	□	□
5	头皮检测是否准确	□	□	□	□	□	□
6	涂抹是否均匀、到位	□	□	□	□	□	□
7	操作动作是否连贯	□	□	□	□	□	□
8	操作动作是否规范	□	□	□	□	□	□

续表

序号	检查内容	自查		顾客反馈		指导师评价	
		是	否	是	否	是	否
9	操作动作是否到位	☐	☐	☐	☐	☐	☐
10	顾客是否满意	☐	☐	☐	☐	☐	☐
11	收尾整理工作是否到位	☐	☐	☐	☐	☐	☐

4. 头皮保养结束

头皮保养结束后，发型助理师送宾客至店门口并目送顾客离开。接着发型助理师返回工作场所，收好洗发毛巾、围布、客服、头皮保养产品、工具，整理相关的物品并清洁工作区域。

发型助理师：× 女士，头皮保养结束了，您感觉头皮轻松多了吧？

顾客：是啊，我的头皮好像清爽了好多。

发型助理师：您的头皮是比较健康的，我们为了保持您的健康状态，防患于未然。建议您最好两周做一次头皮护理，更有效地保持头皮的状态，同时也要注意生活规律。

顾客：好的，记住了，谢谢提醒。

发型助理师：请问您对今天的头皮保养效果满意吗？麻烦您帮忙评价一下我的工作表现，谢谢！

顾客：好的，很满意！我来给你写意见。

发型助理师：非常感谢！欢迎您再来！下次来之前您最好先来个电话，我帮您提前准备好，以免人多等候，也能节约您的时间。

顾客：好，谢谢！

发型助理师：您请慢起（帮顾客脱下客服并将其慢慢扶起），我带您取包（把顾客引领到存包处，站在顾客身旁并帮忙拿东西），请检查一下您的随身物品，是否都带齐了（再引领顾客到收银台结账）。

顾客：看好了，都带齐了，谢谢（到收银台）。

发型助理师：不客气！这是您的美发档案记录，请您签字确认。

顾客：好的！谢谢！

发型助理师：不客气！这是我应该做的。谢谢光临！您慢走！

顾客：谢谢，再见！

操作者提示

发型助理师迎接顾客时，在门口要加以30°的鞠躬，同时说："欢迎光临！"在交谈时，保持微笑，说话时语速放慢、语气亲切，从目光中流露出对顾客的欢迎和关切之意。

温馨小贴士

头皮的健康标准：① 无肉眼可见的头屑，② 头皮呈青白色，③ 头皮放松不紧绷，④ 头皮无瘙痒，⑤ 头皮能较长时间保持清爽状态。

任务小结

健康头皮保养是美发厅的常见服务项目。头皮保养前的准备工作直接影响头皮保养实际工作的顺利进行，发型助理师应根据不同顾客的个体情况，认真按照规范的操作流程进行实际操作服务。

掌握健康头皮保养的工作流程、准备工作的相关内容，运用正确的操作手法，为顾客进行头皮的保养操作，并独立完成健康头皮保养的接待服务流程，养成良好的工作习惯。

知识链接

1．头皮清洁与保养技巧

（1）清洁

使用任何头皮保养品前，重点是先把头发和头皮清洗干净。有些人头皮出现问题可能是洗头时间间隔太长。由于是头皮不清洁，造成头皮痒、出油，而买止痒剂、去角质来用，反而使问题更多。

（2）保养

解决清洁问题后，可以尝试特定的头皮保养品。轻微的头皮痒可以擦含抗真菌成分的产品，稍微有敏感状况可以用强调舒缓功能的产品，想强健毛发可用含氨基酸、维生素、矿物质或植物萃取成分的养发液等，但这些都是有特殊需求的人使用的，而且只能当作辅助产品，无法取代药品。

2. 现代头皮洗护产品特点

① 主张预防为主：在头皮出现各种问题之前，预防在先，积极护理，保持头皮良好状态，从而起到预防作用。

② 强调头皮护理用品专用：几乎所有的新型头皮护理产品，都强调对某种头皮专用作用。

③ 注重产品温和性：其中品质好的产品基本上完全不含硫酸盐型表面活性剂；相对品质略低的产品也都至少部分添加氨基酸表面活性剂等相对温和的产品。

检测与练习

1. 知识检测

掌握以下知识点。

（1）健康头皮的定义

（2）头皮保养产品的主要成分

（3）头皮保养产品的选择

2. 技能训练检测

进行以下训练。

（1）头皮保养沟通话术训练

（2）使用皮肤测试仪训练

（3）头皮保养操作训练

（4）吹风手法训练

（5）肢体动作训练

（6）表情训练

（7）站姿训练

3. 以小组为单位，进行互动练习。

任务二　问题头皮保养

案例8：胡女士最近脱发比较严重。她来到美发店，想通过专业的头皮保养改善脱发问题。门店经理安排发型助理师接待。发型助理师在发型师的指导下，通过几个疗程的头皮护理，采用专业的头皮保养知识和操作技法，配合养生知识的讲解，为胡女士进行了头皮的保养服务，改善了其脱发的现象。

学习目标

◎ 能通过皮肤测试，鉴别顾客的头皮情况，为其选择适宜的头皮保养产品

◎ 能与顾客进行关于问题头皮保养方面的专业沟通

◎ 能运用准确、规范的头皮保养操作方法和服务流程，完成问题头皮保养任务

◎ 具备头皮保养的服务意识、卫生意识、安全意识、成本意识

知识准备

问题头皮角质层细胞无序排列，无法有效锁水和抵御外界刺激，从而引发、加剧头皮干燥、瘙痒、油腻和头屑等问题。不健康的头皮一般呈黄、红等颜色。日常的油脂堆积会堵塞毛囊，致使毛囊发炎，导致头皮出现红疹、痘痘。问题头皮的头发也容易稀少。

1. 问题头皮的鉴别

问题头皮有8种类型：① 油性头皮；② 油性头屑头皮；③ 干性头皮；④ 干性头屑头皮；⑤ 毛囊炎头皮；⑥ 敏感性头皮；⑦ 毛囊萎缩性头皮；⑧ 角质层过厚头皮。

（1）油性头皮（图3-2-1）

头皮颜色多为淡黄色，头皮油脂分泌旺盛，有异味和脱发的现象，毛囊口油脂堵塞严重。应建议油性头皮人群勤洗头，最好一天一洗，最长也不要超过3天。建议使用对头皮和头发无刺激的中性或弱酸性洗发剂，水温37 ℃左右，水温不宜过冷过热，以免刺激头部皮肤分泌过多油脂。

（2）油性头屑头皮（图3-2-2）

头皮呈淡黄色，头皮油腻，头屑呈片状，黏在头皮上。因油脂分泌过于旺盛而有异味，头屑油脂堵塞毛囊口。建议油性头屑头皮人群勤洗头发，最好一天一洗，最长也不要超过2天。建议使用去屑洗发剂，水温38 ℃左右，水温不宜过冷过热，以免刺激头

部皮肤分泌过多油脂。

（3）干性头皮（图3-2-3）

头皮呈白色，毛囊口周围有白色的皮屑。头皮干燥无光泽，头皮屑堵塞毛囊。建议干性头皮人群两到三天洗一次头发，不宜每天洗头，同时避免使用碱性强的洗发液。洗发液要先涂抹在发中和发尾，将泡沫打匀后再顺至头皮清洗，不可直接将洗发液涂抹至头皮。日常可以选用木梳、牛角梳刮痧头部以增加头部的血液循环。

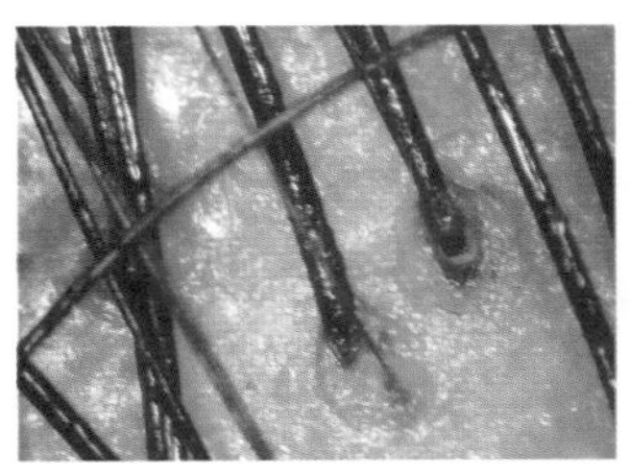
▲ 图3-2-1

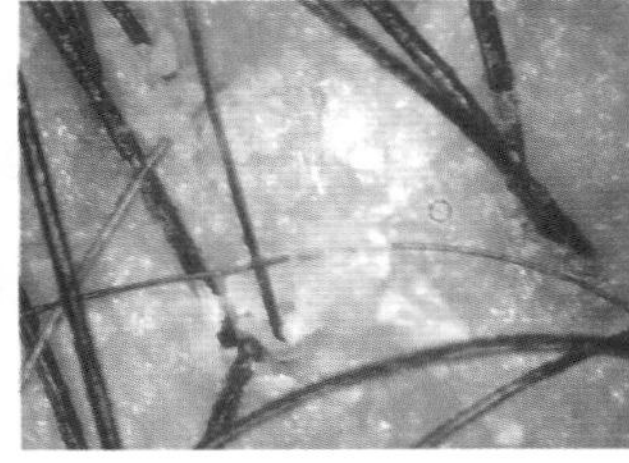
▲ 图3-2-2

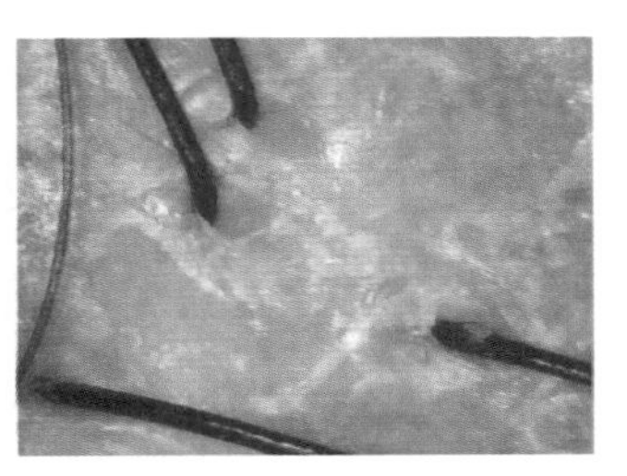
▲ 图3-2-3

（4）干性头屑头皮（图3-2-4）

头皮呈白色，无光泽，头屑呈颗粒状，黏在头发上。头皮因缺水而干燥，头屑布满头皮并堵塞毛囊口。建议干性头屑头皮人群使用补水滋养性的洗护产品，两到三天洗一次头发，洗发液不可以直接涂至头皮。日常可以用木梳、牛角梳适当刮痧头皮以促进血液循环，但一星期不可以超过3次。

（5）毛囊炎头皮（图3-2-5）

头皮呈粉红色，有小红疹，有时会感到痛、痒。油脂分泌旺盛，严重堵塞毛囊，形成脱发。毛囊炎头皮包括敏感性毛囊炎头皮和脂溢性毛囊炎头皮。

① 敏感性毛囊炎头皮：因为头皮敏感，容易受饮食和化学药品等的刺激。建议敏感性毛囊炎头皮人群避免染、烫头发，饮食需要清淡，忌烟戒酒，注意个人卫生，勤洗头，头部瘙痒时不可用指甲大力挠抓。可配合毛囊通透液有效预防和控制敏感性毛囊炎的产生。

② 脂溢性毛囊炎头皮：因油脂分泌过于旺盛，无法正常排出，毛囊周围产生小红疹。建议脂溢性毛囊炎头皮人群饮食清淡、忌食辛辣食物，不要吸烟饮酒，睡眠规律，注意个人卫生，勤洗头。严重患者可以用硫黄皂，但停留头部时间不宜过长，需及时冲洗。可配合毛囊通透液有效预防和控制脂溢性毛囊炎的产生。

（6）敏感性头皮（图3-2-6）

头皮呈块状粉红色，较敏感，梳发力度过重时头皮会痛，毛囊处有油脂堵塞。建议敏感性头皮人群避免烫、染头发，放松心情，饮食清淡、少食易导致过敏的食物。平时清洗头发时洗发水不易停留时间过长，要及时冲洗干净，瘙痒时也不可以大力挠抓。

▲ 图3-2-4

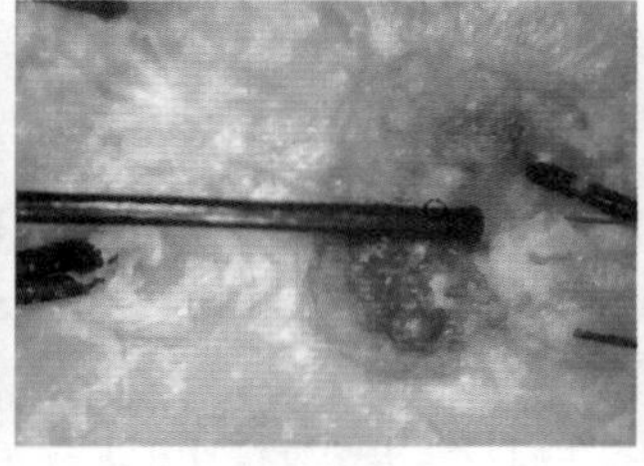
▲ 图3-2-5

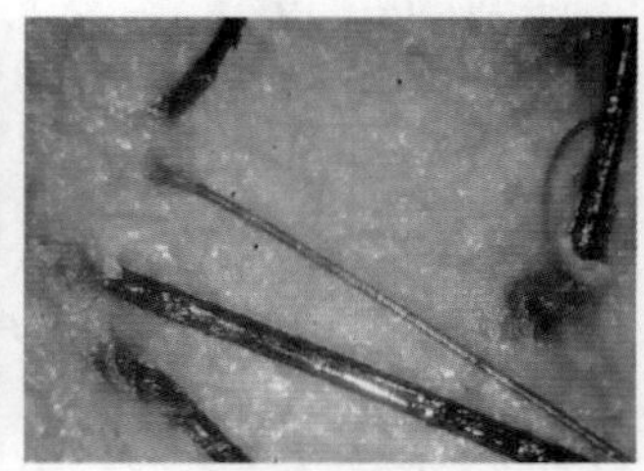
▲ 图3-2-6

（7）毛囊萎缩性头皮（图3-2-7）

头皮呈淡黄色，毛囊颜色较深，油脂分泌旺盛堵塞毛囊，发根较细，脱发严重。建议毛囊萎缩性头皮人群选用清洁度较高的洗发液，以便清洁毛囊口的堵塞物，让毛囊口能正常打开，改善毛囊的生长环境。

（8）角质层过厚头皮（图3-2-8）

头皮呈淡黄色，有大块白屑，毛囊口周围头皮翘起，有脱发现象，油脂角质层堵塞毛囊口。建议角层过厚头皮人群需要生活规律，饮食清淡，多食用含维生素A、维生素B_2、维生素B_6、维生素E的食物。洗头时建议使用抑菌力较强的洗发液。

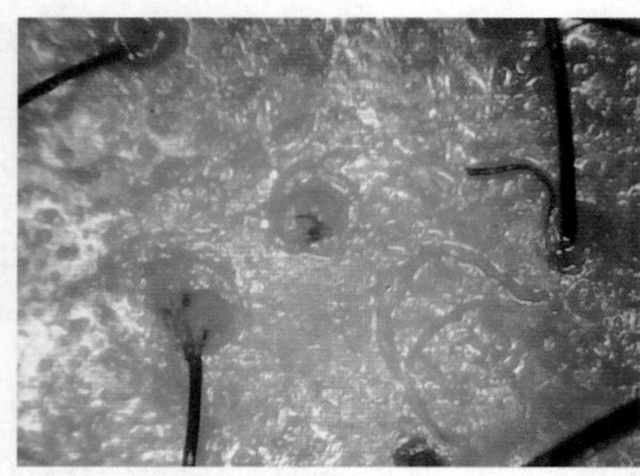
▲ 图3-2-7

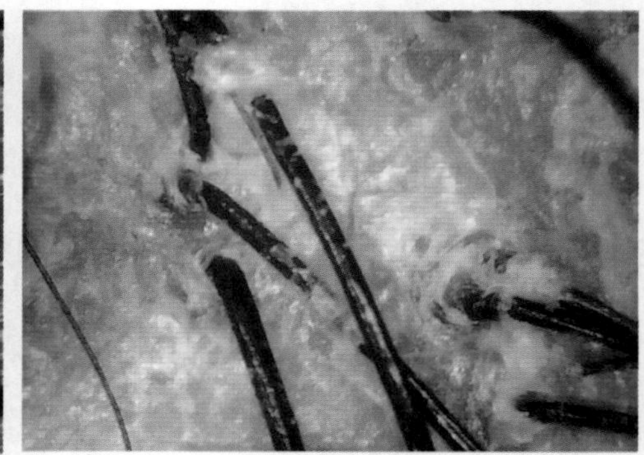
▲ 图3-2-8

2. 脱发的症状

若是男性脱发，脱发部位主要是头前部与头顶部。前额的发际与鬓角上移，头前部与顶部的头发稀疏、变黄、变软，最终额顶部光秃或仅有些茸毛。女性脱发部位主要在头顶部，头发稀疏，但不会完全成片脱落。

3. 护理头皮

（1）正确清洁

想要更好地护理头皮头发，首先，要注重清洁，让头皮头发有一个洁净的环境。在选择洗发液时，要根据自身头皮头发的状况选择正确的洗发液。如果长期使用不适宜的产品，会造成头皮的亚健康，不利于头发的生长。

（2）规范操作

洗发也要讲究方法，不要用指甲抓头皮。用指甲抓很容易将头皮抓伤，导致毛囊细菌感染，导致红疹、痘痘的产生。

（3）恰当按摩

头部有很多穴位，经常按摩能促进头部的血液循环，缓解头部疲劳、头皮紧绷的状况，减少脱发、白发的现象。

4. 频繁烫发、染发对头皮的危害及注意事项

频繁烫发、染发会让使用者的头皮受到伤害。氧化剂是烫发剂和染发剂的重要组成部分，它对头发角质蛋白的破坏力较大，易对头发造成损伤，经常使用会使头发枯燥、发脆、开叉、易脱落。同时，烫发剂和染发剂中使用的化学成分，容易造成使用者头发外围、耳边、头皮等部位出现过敏，甚至引发头晕、恶心等严重过敏反应。所以，为了健康的头皮和头发，还是要减少烫发、染发的频率。

5. 脱发头皮养护的功效和方法

（1）脱发头皮养护的功效

脱发头皮养护中，产品运用植物萃取技术，配合中国中医草本理论精髓；再运用传统中医按摩手法，刺激和恢复头发正常生理机能和微生态平衡，从而有效的防止头发脱落，实现自头皮到头发、从内而外的全面养护。

（2）脱发头皮养护的方法

第一：头皮检测，借助头皮检测仪，对顾客头皮进行头皮检测，确定问题后，选择相应产品，进行头皮保养。

第二：将头发梳顺并十字分区，取适量“毛囊脂抗争素”，间隔2cm左右分层涂抹，将产品涂抹均匀后，用指腹按摩10分钟左右，力度适中，动作略慢。按摩时头皮血液循环会加速，帮助产品快速渗透入毛囊。促进毛囊、头皮细胞再生，改善毛囊及头皮环境，令头皮清新舒爽。

第三：取适量“毛囊头发防御润洁乳”，用指腹按摩5分钟，以彻底清除污垢、油脂，然后温水冲洗干净。

第四：引领顾客到洗发椅处就坐。将顾客的头发擦干，取适量“毛囊头发防御按摩

膏”均匀涂抹至头皮，用指腹轻柔头皮5分钟后冲净。提高头皮防御细菌侵入免疫力，恢复头皮健康，同时修复调理毛囊及头皮，让头皮自然舒适。

第五：取适量“毛囊头发防御柔护霜”均匀涂抹于头发头皮上，进行5分钟的按摩，然后温水冲净，双重护理修护头皮、头发。

第六：将头发吹至八成干，使用“毛囊头发防御按摩梳”梳理10分钟。适度按摩梳理头皮，增强头发健康，增强发根弹力，疏通头皮经络，激活毛囊活力，加速血液循环。

头皮检测演示

第七：整理发型，吹风造型。

（3）脱发头皮养护的操作步骤演示

涂抹育发演示

新时期，社会发展迅猛，人们的对生活和工作的质量要求越来越高，因此压力也会有所增加，除病理、遗传、化学污染等因素外，生活不规律、精神压力等原因引起的脱发现象也越来越多，因此，预防脱发的头皮养护就显得尤为重要了。近年来，头皮护理项目中增加了更有针对性的防脱发养护项目，下面我们就来了解一下二代防脱发头皮养护操作步骤：

护理造型演示

6. 脱发的原因及改善方法

（1）中医疗法

中医认为“发乃血之余”。根据中医“精血同源”的理论，精亏则血少，血少则头发得不到充足的滋养，因而渐渐干枯而脱。在《黄帝内经》中，对脱发有这样描述：“女子五七，阳明脉衰，面始焦，发始堕……男子五八，肾气衰，发堕齿槁。”可以看出，肾气的衰弱是脱发的根本原因。所以中医对于脱发的治疗主要是放在“滋阴补肾，填补肾精”上面。

中医认为脱发有肾气阴两虚证和肾精亏虚证两种证型。

① 肾气阴两虚证的脱发。

主要症状：头屑多，头皮痒，头发油亮，头顶或两额角处逐渐稀疏，常伴有耳鸣、腰膝酸软等症状。

改善方法：可选用方药知柏地黄丸合二至丸加减治疗。

② 肾精亏虚证的脱发。

主要症状：头发无光泽，头屑较少，头发发白或焦黄，经常呈小片脱落，还伴有头晕耳鸣、心烦、失眠、腰膝酸软无力等症状。

改善方法：可选用中方药剂七宝美髯丹加减治疗。

（2）食疗改善脱发现象

① 生发黑豆：黑豆500克、盐适量。将黑豆洗净，用清水浸泡4小时。砂锅洗净，加入1 000毫升水，武火煮沸后转文火熬沸，至水尽豆粒泡涨为度。取出黑豆，加适量盐，密封储于瓷瓶内，根据个人情况食用。黑豆含有丰富的蛋白质、脂肪、糖类、黑色素、胡萝卜素、B族维生素等，适合脾虚水肿、肾病水肿者食用，可用于脱发治疗。

② 桑葚乌发润肤粥：桑葚、黑芝麻各60克，粳米100克，白糖20克。粳米淘洗干净，用清水净泡半小时。桑葚洗净，芝麻研磨成细粉。粳米放在砂锅内，加入桑葚、芝麻粉，加清水，武火煮沸转文火煨成粥，加入白糖调味即可。本粥滋阴养血，乌发泽肤、补气易肺、延年益寿。

（3）日常保养

① 穴位按摩：通过穴位按摩，能辅助治疗脱发现象。选取风池穴、内关穴、神门穴、百会穴、三阴交穴中的一个或者几个，每次每个穴位按摩3~5分钟，长期坚持，能起到一定的效果。

② 饮食预防：能有效防止脱发的食物主要有：富含植物纤维和维生素A的食物，如韭菜、胡萝卜、南瓜、苋菜等；富含维生素B_6的食物，如土豆、豌豆、橘子、蚕豆、芝麻等。枸杞子、山楂、红枣、黑豆等食物也有防脱发的功效。

脱发类型的其他分类方法

1. 遗传性脱发

特征：一般为顶秃、额秃，患者年龄在30岁以上，常见于男性。

原因：中医认为肾功能的不正常或不健全引起。

改善方法：需内调外治，重在内调，目前，外治只能预防或起到巩固已生长的头发的作用。

2. 脂溢性脱发

特征：脱发处为形如“小米粒”的斑状秃，头皮为乳白色，头发纤细，两天不洗头头皮就很油，严重的头皮可有痤疮和红肿。

原因：油脂腺分泌过盛，堵塞毛囊，严重的还有炎症发生，毛发不能正常生长。

改善方法：保持头皮清爽，每天清洗一次头，使用无刺激的天然洗发剂为最佳。每月进行四次头皮护理，清洁头皮，保护已长出的头发。

3．真菌感染性脱发

特征：不规则或椭圆形脱发，在脱发处一般有细绒毛，即俗称的鬼剃头。

原因：过度紧张，精神压力过大，营养严重失衡，长期的过度疲劳等原因造成免疫失调，真菌入侵。如不及时治疗会造成大面积甚至全头脱发。

改善方法：保持头皮清洁并配合每月四次的头皮护理。请顾客注意个人营养的均衡，进行适度、有规律地锻炼，保证充足的睡眠，少食刺激性强的食品。

技能准备

1．头皮保养时的站位与姿势（图3-2-9）

2．头皮保养的手法与技巧（图3-2-10~图3-2-11）

3．收包发干和发尾（图3-2-12）

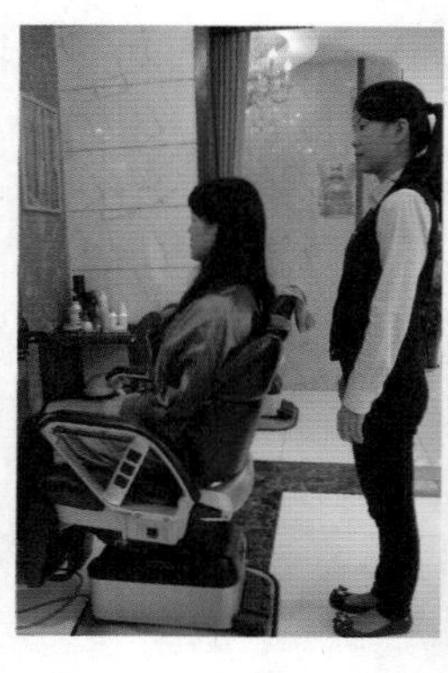

▲ 图3-2-9

分层涂抹头皮调理产品

▲ 图3-2-10

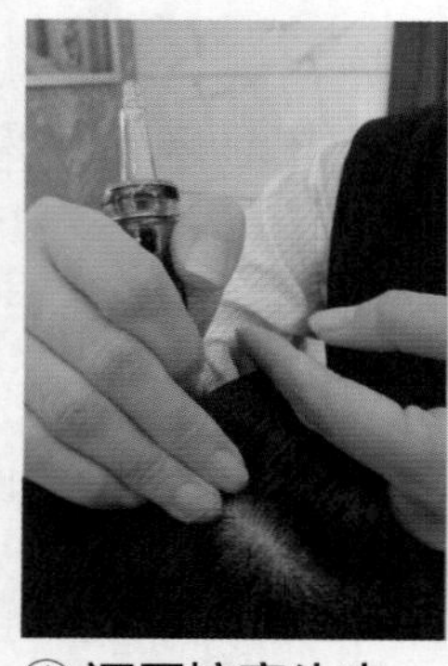

① 逐层按摩头皮

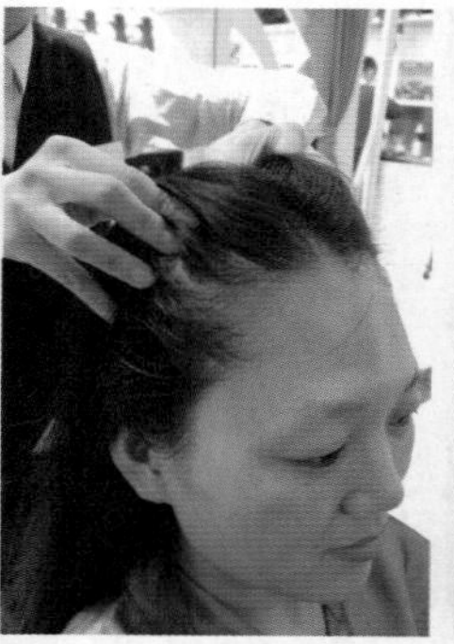

② 前头部指腹按摩

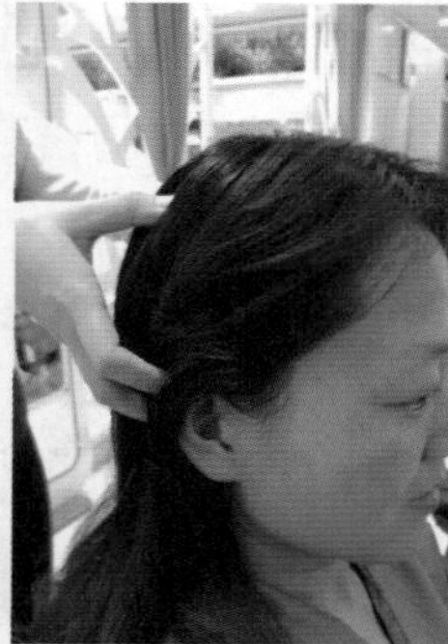

③ 后头部指腹按摩

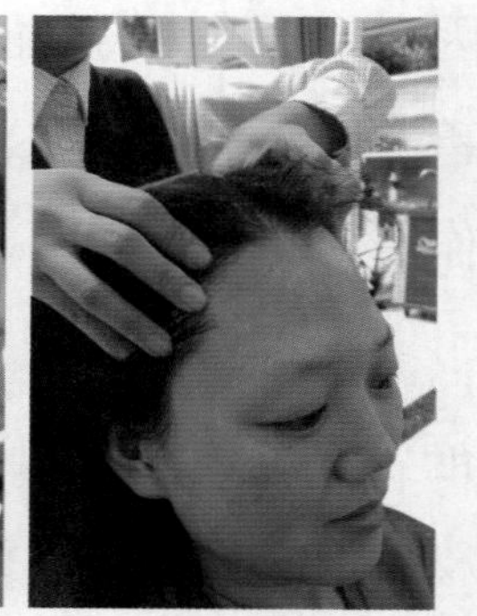

④ 发际边缘指腹按摩

▲ 图3-2-11

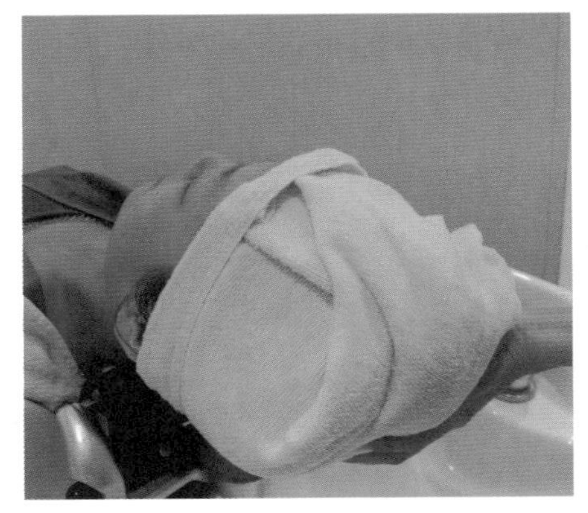

▲ 图3-2-12

任务实施

1. 接受任务、准备头皮保养

2. 头皮保养准备工作

环境准备→个人卫生、个人仪表准备→设备、设施检查→用品、用具检查、产品准备→接待语言和姿态→接待领位→工作提示要点。

3. 脱发头皮保养操作步骤

（1）欢迎顾客进门（图3-2-13）

（2）引领顾客入座（图3-2-14）

（3）进行头皮检测（图3-2-15）

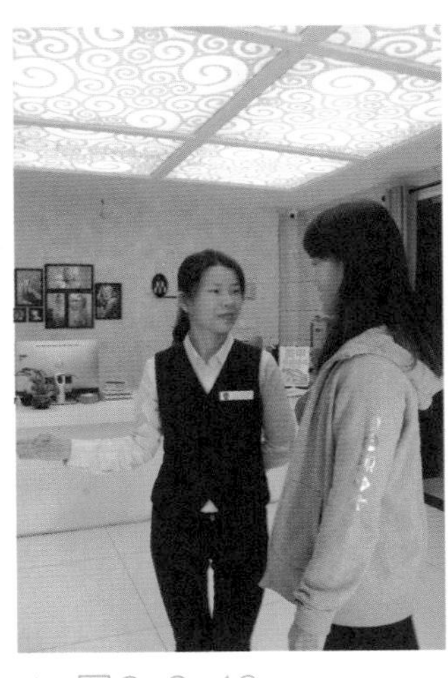

▲ 图3-2-13

▲ 图3-2-14

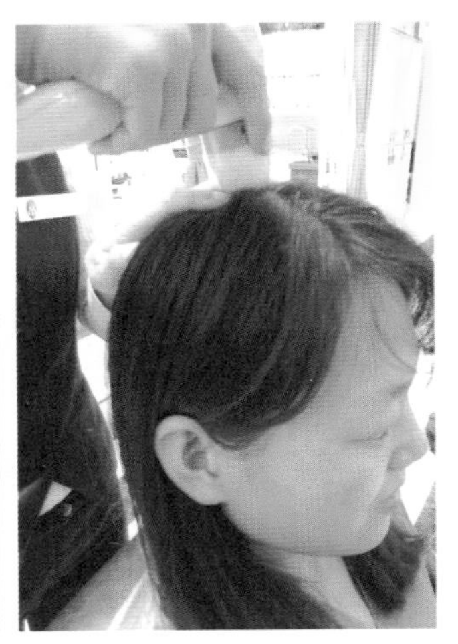

▲ 图3-2-15

（4）分层、均匀涂抹头皮调理产品（图3-2-16）

（5）逐层按摩头皮（图3-2-17）

（6）涂抹毛囊头皮防御润洁乳、按摩后洗净（图3-2-18）

▲ 图3-2-16

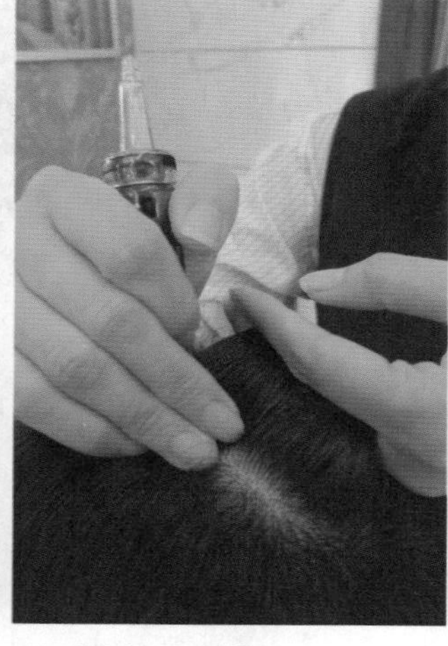

▲ 图3-2-17

▲ 图3-2-18

（7）涂抹毛囊头皮防御按摩膏至头皮，按摩后冲洗（图3-2-19）

（8）涂抹毛囊头皮防御柔护霜至头皮，按摩后冲水（图3-2-20）

（9）将头发吹至8成干，用按摩梳梳发（图3-2-21）

（10）吹风造型（图3-2-22）

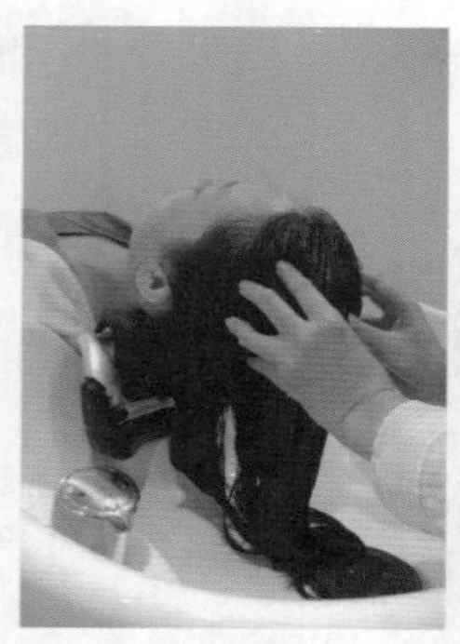

▲ 图3-2-19

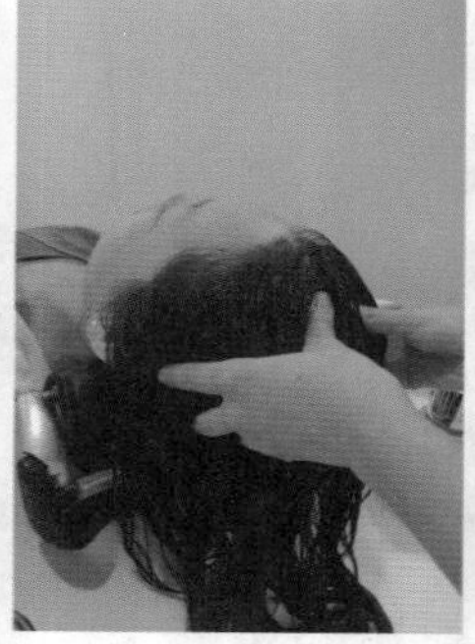

▲ 图3-2-20

▲ 图3-2-21

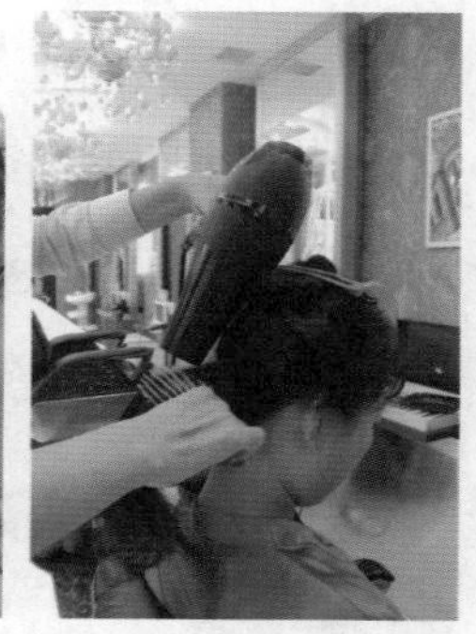

▲ 图3-2-22

知识链接

1. 脱发头皮护理产品（图3-2-23）

① 毛囊脂抗争素：包含油橄榄果油、橙花精油、香橼果精油等。

② 毛囊头发防御润洁乳：包含水、月桂醇聚醚硫酸酯钠、甘油、椰油酰胺丙基甜菜碱、氯化钠、椰油酰胺DEA等。

③ 毛囊头发防御按摩膏：包含水、鲸蜡醇、硬脂基三甲基氯化铵、氨端聚二甲基硅氧烷、鲸蜡硬脂醇、羟乙基纤维素、乙醇、环五聚二甲基硅氧烷等。

④ 毛囊头发防御柔护霜：包含水、鲸蜡醇、硬脂基三甲基氯化铵、氨端聚二甲基硅氧烷、鲸蜡硬脂醇、羟乙基纤维素、乙醇、环五聚二甲基硅氧烷。

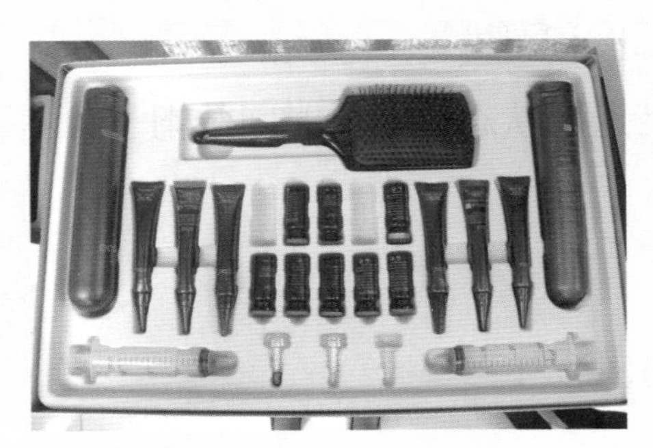

▲ 图3-2-23

2. 头屑的解决方案

随着环境和人们饮食习惯的改变，头屑问题已经越来越严重。治疗头屑必须要从口开始，“管住自己的嘴”，不吃或少吃辛辣的食物。以下几种方法可以改善头屑问题：

① 可适当口服B族维生素的药物，但不能长期服用。

② 油性头皮者可用硫黄皂清洗头皮，有效清洁头皮多余油脂来控制头屑，但长期使用也会破坏头皮的pH，干性头皮者应禁用。

③ 可以选用专业去屑洗发剂，这类产品含有何首乌和灵芝等名贵药材的萃取物，可以有效、温和地清洁头皮，解决头屑问题。

知识链接

脱发日常护理

① 选用木梳或鬃毛刷梳头。不但能防静电，增加头发光泽，梳去头发上的头屑和灰尘，还能促进头皮血液循环。

② 勤洗头。在洗发时用指腹按摩，在清洁头皮头发的同时，加速头部血液循环。

③ 选用防脱洗发液。

④ 不抽烟不喝酒。抽烟和喝酒会影响头发的生长，所以尽量避免为好。

⑤ 精神状态不稳定和过于紧张都会导致脱发。可尽量多运动，消除紧张情绪。

⑥ 避免过度的烫、染、吹风，过度的烫、染、吹风会损伤头发及头皮。

⑦ 多吃蔬菜、水果及有益头发生长的食物。

⑧ 保持室内合理的温度和湿度。

⑨ 让头皮、头发保持通风状态，不长时间戴帽子。

4. 头皮保养效果测评

头皮保养效果测评见表3-2-1。

表3-2-1

序号	检查内容	自查		顾客反馈		指导师评价	
		是	否	是	否	是	否
1	接待礼仪是否到位	□	□	□	□	□	□
2	个人卫生是否合格	□	□	□	□	□	□
3	环境卫生是否合格	□	□	□	□	□	□
4	准备工作是否到位	□	□	□	□	□	□
5	头皮检测是否准确	□	□	□	□	□	□
6	操作动作是否连贯	□	□	□	□	□	□
7	涂抹是否均匀	□	□	□	□	□	□
8	力度是否合适	□	□	□	□	□	□
9	操作动作是否规范	□	□	□	□	□	□
10	顾客是否满意	□	□	□	□	□	□
11	收尾整理工作是否到位	□	□	□	□	□	□

5. 头皮保养结束

脱发头皮保养结束后，发型助理师送顾客至店门口并目送顾客离开。接着发型助理师返回工作场所，收好洗发毛巾、围布、客服、头皮保养产品、工具等，整理好相关的物品并清洁工作区域。

发型助理师：× 女士，头皮保养结束了，您感觉头部舒服些吗?

顾客：挺好的，头皮清爽了很多。

发型助理师：您的脱发较严重，时间允许的情况下，最好三天做一次头发护理，两周后根据情况，再调整护理周期这样才能有效保持头皮的健康，减轻脱发，同时也要注意生活规律。

顾客：知道了，谢谢你！

发型助理师：请问您对今天的头皮保养效果还满意吧？麻烦您帮忙评价一下我的工作表现。

顾客：谢谢！很满意！我来给你写建议。

发型助理师：非常感谢！欢迎您再来！您请慢起（帮顾客脱下客服并将其慢慢扶起）我带您取包（把顾客引领到存包处，站在顾客身旁并帮忙拿东西），您检查一下您的随身物品，是否都带齐了（引领顾客到收银台结账）。

顾客：都带齐了，谢谢（到收银台）。

发型助理师：不客气！这是您的美发档案记录，请您签字确认。

顾客：好的！谢谢！

发型助理师：不客气！谢谢光临！您慢走！

顾客：再见！

任务小结

问题头皮保养是美发厅常见服务项目。头皮保养前的准备工作直接影响实际工作的顺利进行。发型助理师应根据不同顾客的个体情况，认真按照规范的操作流程进行实际操作。

运用正确的操作手法，为顾客进行头发和头皮的清洁操作，掌握问题头皮护理的工作流程、准备工作的相关内容，能独立完成问题头皮护理的接待流程，养成良好的工作习惯。

头皮屑产生的原因

生理性头屑是由头皮的表皮细胞不停地新陈代谢产生的，通常看不到明显的脱屑。

病理性脱屑则是因为头皮上皮细胞过度增生，引发的问题。可根据头屑的多少以及头皮皮损的状态，来分析形成的原因。

脂溢性皮炎：脂溢性皮炎是引发病理性脱屑最主要的原因。常常出现在成年人群中，表现为头皮上有较厚的油性分泌物。

头癣：头癣引发的头皮屑一般较厚而且紧贴在头皮上，表面覆盖银白色鳞屑，常成斑状分布。

银屑病：头皮屑非常多，皮层很厚，上面有红斑，同时身体的其他部位也有类似皮疹。

异位性皮炎：表现为头皮弥漫性干屑。常见于儿童，一般同时全身皮肤干燥或湿疹。

检测与练习

1．知识检测

掌握以下知识点。

（1）问题头皮的分类

（2）脱发头皮保养产品的成分

2．技能训练检测

进行以下训练。

（1）头皮保养沟通话术训练

（2）使用皮肤测试仪训练

（3）头皮保养操作训练

（4）吹风手法训练

（5）肢体动作训练

（6）表情训练

（7）站姿训练

3. 观看本任务视频，以小组为单位互动练习。并回答问题，进行小组竞赛。

（1）（　）头皮呈白色，无光泽，头屑呈颗粒状，黏在头发上。

A. 1干性头皮　B. 干性头屑头皮　C. 毛囊炎头皮　D. 敏感头皮

（2）脂溢性毛囊炎头皮，严重患者可用（　）皂，但停留在头部时间不宜过长，需及时冲洗。

A. 润肤　B. 氨基酸　C. 硫磺　D. 蜂蜜

（3）男性脱发部位主要是（　）部与（　）部。

A. 前额、头侧　B. 头顶、头侧　C. 头前、头顶　D. 前额、头侧

（4）头皮养护检测的操作步骤有哪些？

全书检测与练习答案

郑重声明

读者意见反馈

为收集对教材的意见建议，进一步完善教材编写并做好服务工作，读者可将对本教材的意见建议通过如下渠道反馈至我社。

咨询电话　400-810-0598

反馈邮箱　zz_dzyj@pub.hep.cn

通信地址　北京市朝阳区惠新东街4号富盛大厦1座

高等教育出版社总编辑办公室

邮政编码　100029

防伪查询说明

用户购书后刮开封底防伪涂层，使用手机微信等软件扫描二维码，会跳转至防伪查询网页，获得所购图书详细信息。

防伪客服电话

（010）58582300

学习卡账号使用说明

一、注册/登录

访问http://abook.hep.com.cn/sve，点击“注册”，在注册页面输入用户名、密码及常用的邮箱进行注册。已注册的用户直接输入用户名和密码登录即可进入“我的课程”页面。

二、课程绑定

点击“我的课程”页面右上方“绑定课程”，在“明码”框中正确输入教材封底防伪标签上的20位数字，点击“确定”完成课程绑定。

三、访问课程

在“正在学习”列表中选择已绑定的课程，点击“进入课程”即可浏览或下载与本书配套的课程资源。刚绑定的课程请在“申请学习”列表中选择相应课程并点击“进入课程”。

如有账号问题，请发邮件至：4a_admin_zz@pub.hep.cn。